Shefali Tsabary

A RADICAL AWAKENING

Turn Pain into Power

Embrace Your Truth

Live Free

女性的觉醒

[美] 沙法丽·萨巴瑞 著

李小霞 译

中信出版集团 | 北京

图书在版编目（CIP）数据

女性的觉醒 / (美) 沙法丽·萨巴瑞著；李小霞译
. -- 北京：中信出版社，2022.6（2025.8重印）
书名原文：A Radical Awakening: Turn Pain into
Power, Embrace Your Truth, Live Free
ISBN 978-7-5217-3650-2

Ⅰ.①女… Ⅱ.①沙… ②李… Ⅲ.①女性－人生哲
学－通俗读物 Ⅳ.①B821-49

中国版本图书馆 CIP 数据核字（2021）第 224297 号

女性的觉醒
著者：　[美] 沙法丽·萨巴瑞
译者：　李小霞
出版发行：中信出版集团股份有限公司
（北京市朝阳区东三环北路 27 号嘉铭中心　邮编　100020）
承印者：　三河市中晟雅豪印务有限公司

开本：880mm×1230mm 1/32　印张：11.5　字数：230 千字
版次：2022 年 6 月第 1 版　印次：2025 年 8月第 14 次印刷
京权图字：01–2021–3240　书号：ISBN 978–7–5217–3650–2
定价：59.00 元

服务热线：400–600–8099
投稿邮箱：author@citicpub.com

女性的每一次觉醒都需要火花。

这火花会点燃永恒的自我。

没有火花，何来觉醒。

这本书就是一首颂歌，

送给我心中最深厚的友谊。

与之相伴，卓尔同行。

免责声明

我尽可能地将人类的各种经历都写进了这本书中，但难免有遗漏。

我的本意是尽量体现包容性。能够将人类的经历以多种方式全面展现出来，我深感荣幸，并深信每种方式都值得享有平等的尊严。在阅读本书时，如果你感到自己的情况被排除在外，我的建议是，不必过于关注外在的具体表现，而是多关注内在的心理过程。

这些内在的心理过程宛如一幅多姿多彩的织锦画，你会发现，人类的共同之处远比你以为的要多。在这里，你会找到共鸣；通过这些共同体会，你终将走向一条通往个人进化的道路。

目录

Contents

女性觉醒的那一刻

女人的一生中总会有这样的时刻：
她如弃敝屣一般抛弃了旧日的行事方式
她把长长的规矩和义务清单撕成了碎片
她把绝无可能的期望丢进了窑炉

女人的一生中总会有这样的时刻：
曾经将他人的评价奉若至宝，如今却不屑一顾
曾经苦苦追求他人而不得，如今反被他人追捧
曾经顶礼膜拜父辈的传统，如今自己定义真理

女人的一生中总会有这样的时刻：
融入大众的欲望消失不见
崇尚完美的狂躁荡然无存
寻求认同的执着无影无踪

女人的一生中总会有这样的时刻：
虚伪、诡计和尔虞我诈令她作呕

大义、教条和高高在上令她憎恶
她直言不讳："别再这样！"

女人的一生中总会有这样的时刻：
她不再害怕冲突，像头母狮一般勇敢面对
她守护率真本性，像保护爱子一般无所畏惧
她知道只有自己才能救自己，不再做他人的救兵，
也无须求助他人

女人的一生中总会有这样的时刻：
她不再自轻自贱，不再畏首畏尾
她不再扮演弱小，不再任人羞辱
她不再被动无助，决心勇闯天涯

女人的一生中总会有这样的时刻：
她毫不掩饰，义无反顾宣布她的终极主权
她鼓起勇气，誓要在世间写下浓墨重彩的篇章
她认清了感情，把自尊自爱视为相爱的前提

女人的一生中总会有这样的时刻：
她终于摆脱了孩子气的依赖
她决心洗心革面，为自己而活
这时的她会说：

我不再自惭形秽、怯懦畏惧
我不再低三下四、愚钝被动
我不再假情假意、暧昧不清
我不再虚伪做作、亦步亦趋

从现在开始，我宣布：

我要启动我的内心力量
我要拥抱我最强大的自主
我要展现我最深远的价值
我要拿出我最无畏的勇气
呈现最最真实的那个我

现在，那个时刻到了
我已准备就绪
蓦然觉醒，重获新生

致姐妹们：你经历的，我都深有体会

这本书谈论的是你的觉醒，是在致敬那个等待重生的你，那个真实的你，是为那样的你谱写的颂歌。

每个人都渴望自由，却被琐碎的生活捆住了手脚，在诚惶诚恐和自惭形秽中消耗生命。这本书将为你指明一条走出牢笼的道路，一条通向新生的道路。

想要觉醒和进步，就意味着要深入了解自己。这就涉及接纳自身不想面对的部分，特别是那些痛苦的部分。当我们完全接纳自己的痛苦，不再自卑遮掩，当然也不再心怀歉疚，而是平静地观察自己参与创造的那些痛苦历程时，我们就可以开始将痛苦逐渐转化为智慧了。

理解自身痛苦的过程本身就是痛苦的。正因为如此，这些文字才让你有所触动。我希望你知道，我是有意制造这些导火索的，因为它们能点燃和唤起你内心深处的火焰。你之所以感到痛苦，是因为旧的信仰结构和生存之道土崩瓦解。那些油然而生的震惊、悲伤和痛失的滋味是驱动你转变的关键。你可能并没有意识到这一点，但你有能力做出我倡导的这种转变。更重要的是，你有资格实现这种进步。我会在这里和你分享我的经历，希望让你知道，你并不孤单。你经历的这些，我也深有体会。也正因为如此，我完全明白，生命之旅其实是一场巨大的挑战。

友情提示，这本书会给你带来巨大的心灵冲击，在开始的时候尤其如此。我们即将开始一场旅程，请务必系好你的情绪安全带。因为这本书从方方面面来看，对浑浑噩噩的你都宛若一声惊天炸雷，它绝不是一本令人舒适的读物。当一个人的意识向新的方向切换时，往往会经历严重的迷失和错乱。你会以各种意想不到的方式被激怒，甚至会在途中多次想要放下这本书。面对觉醒带来的残酷真相，每个人都会本能地反抗。

请放心，只要拿起这本书，你就已经迈出了追求本真的关键的第一步。这本书将会徐徐展开，与你的心灵和精神之旅遥相呼应。看吧，你的心灵之旅已经开启了。

让那股洞穿一切的力量冲刷你的思维吧。慢慢读，不必心急。时而暂停，时而反思，时而再次迈步前行。让这些书页铺就一条引导你发现真实自我的道路。

那么，姐妹们，让我们开始吧。拿起这本书，让我们共同潜入水中。深海的另一端，有一条新的地平线。而那片新的大陆叫作：自由。

Part 1

我们是如何一步步失去真我的

第1章

灵魂遭受侵蚀的过程

仿佛宝剑藏于鞘里，她的光辉隐匿不见
仿佛强弓收于囊中，她的力量无处释放
仿佛豌豆躲在荚内，她的价值几不可见
她像笼中的困兽，等待释放，才可自在驰骋
她像茧中的蝴蝶，褪去旧壳，才能翩翩起舞。

当我发现自己把车开进了路边的阴沟时，我知道自己有麻烦了。头脑一片空白，我完全不记得是怎么一回事。我竟然伏在方向盘上睡着了，车子停下的地方，离一棵大树只有几厘米。我当时既要照顾蹒跚学步的孩子，又要应付要求严苛的博士生课程，而且没有亲戚和保姆的帮助，早已是筋疲力尽了。强烈的震动惊醒了我。我几乎无法呼吸，浑身颤抖不止。虽然战战兢兢、迷迷糊糊，但幸运的是，我终于把车子开回了公路上。谢天谢地，没有人受伤，就连车子也完好无损。

这件事让另一种长期侵蚀我内心的创伤凸显了出来，那是一连串对灵魂的重创。

灵魂遭受侵蚀是一个漫长的过程——缓慢地、阴恻恻地、一点一点地侵蚀我们的内心，最终，那个我们认识的最真实的自己会不可避免地走向死亡。这是一种始于孩童时期，然后不断蔓延、传播的疾病，在女性当中尤其严重。其症状包括：失去力量、失去本真、失去声音、失去视觉。灵魂被侵蚀，本质上是对我们内在认知的抹杀。每当我们苦苦压抑内心真实的自我时，我们就在一点点侵蚀自己最宝贵的财富——我们的本心。

让我来说说这是如何发生的吧。我有一个来访者，叫翠丝特。她清楚地记得大概四岁的时候，她弄坏了最心爱的玩具——一个以她的名字命名的洋娃娃，她一直像照顾自己的宝宝一样小心呵护着它。娃娃坏了，她伤心欲绝，哭了好几个小时。她父亲是个严厉的人，告诉她不许再哭了，不然她就要挨打。这反而让她哭得更厉害了。

在餐桌边，她仍然哭个不停。她父亲大发雷霆，把坏了的娃娃摔个稀烂，丢进了垃圾桶。据翠丝特回忆，父亲当时发怒的样子把她吓呆了。“那种感觉，就好像他把我摔成了碎片，丢进了垃圾桶。我想哭，想尖叫。我真想扑上去打他，把他打倒，但我只是站在那里，呆若木鸡。没人来救我。没人来安慰我。那是我第一次体会到被抛弃的滋味。他不仅把我珍贵的娃娃丢进了垃圾桶，还把我的安全感丢进了垃圾桶，让我觉得自己一无是处。我再也无法像以前那样信任他和我的母亲了。”从那一刻起她明白了，她需要隐藏真实的自我。她这一生压抑情感的盔甲就是这样形成的。

时至今日，即使年过四十，翠丝特仍然很难清晰地表达自己内心的真实感受。她的丈夫和孩子们常常抱怨，说她太苛刻、太死板，觉得和她缺少心灵的交流。特别是她十几岁的儿子马特，几乎天天和她起冲突，这促使她到我这里寻求治疗。在经历了多个疗程后，她才终于明白，正是童年时期建立起来的防御——在情感上的退缩和压抑——干扰了她和儿子的沟通。

翠丝特其实是在重走她童年创伤的老路，甚至把她父亲对待儿女的老一套做法照搬了过来。当马特想表达自己的感受时，翠丝特也会像她的父亲那样严酷、苛刻地对待他。现在，她终于明白了原因所在。儿子让她想起了年轻时的自己，那个被父亲训斥的自己。看到他情绪化的时候，她会把这理解为软弱，试图压制他的感情，就像小时候父亲对她那样，她也不去认同儿子的感受。当她找回过去的记忆后，旧日的那个自我遭受的创伤开始治愈，她终于向儿子敞开了心扉。

起初，那个真实的自我会挣扎求生。它会大声抗议，甚至让我们感到厌恶。我们不断地忽视它，这种抗议会逐渐消失，最后只剩一声呜咽。随着岁月的流逝，所有关于它存在的记忆都会被抹去，那些哀号之声也会完全消失。

这种自我的丧失是非常普遍的。我们都曾感受过它的摧残。随着我们的本真不断被侵蚀，内心深处会留下一个火山洞穴，混乱不堪，影响着当下生活中的方方面面。它会以各种看似无关紧要，实则异常凶险的方式表现出来：

开车冲出了道路；

喝酒喝到意识模糊；

饮食完全失调；

习惯性地感到气血耗尽；

不断地自我怀疑，无端地蓄意破坏；

毫无目的地工作；

总是错过最后期限；

欠下一大堆被遗忘的账单；

精神萎靡、情感淡漠；

思绪混乱、自我厌恶；

情感疏离、畏缩不前；

冲动易怒、痛苦不堪，甚至更糟……

那次险些丧命的事故让我意识到，偏离道路的不仅是开车的我，还有我的灵魂。我是谁？当我忙着攻读博士学位，同时又在努力做个好妻子、好母亲时，我变成了谁？我怎么能任由自己的本心就这样轻易地被破坏和抛弃呢？

我很擅长隐藏自己的内心世界，没人察觉我的感情已经支离破碎，整个人濒临崩溃。我的伪装本领高强，出色地掩盖了内心的混乱和失调。我戴着一副能力卓著和成就非凡的面具。毕竟，我在几十年前就创造出了这个外在的角色，早已百炼成钢了。

所有人都一样，最初的那个“我”死去，被另一个“我”取代；人们往往把这个称作“自我”（ego）——一个虚假的“我”。我们大多数人在成长过程中都认为，这个才是真实的自己，却几乎没有意识到，我们其实是在错误的基础上创造了自己的全部生活，而这么做会在未来数年对我们的情感造成严重的后果。

没有人能逃过掩盖真实自我的命运

虚假的“自我”源于自我克制。当真实的自我遭到忽视、否定，或受到外部力量的压制时，这个虚假的“自我”就会蓬勃发展。这种外部力量通常是他人说的话——尤其是我们喜爱的人说的话，我们成长环境中的文化，或者是一种禁锢了我们想象力的信仰体系。

据我所知，没有一个人能逃过掩盖真实自我的命运。面具之下，那个真实的自我，也就是真我，在很大程度上一直蛰伏着。这种情况在小女孩身上发生得更多，因为我们往往生活在父权当道的环境里，只有男孩子获准“做个男孩”。相反，我们这些小女孩则从小就接受训练，要恪守各种规矩。

因此，女性为了迎合父母或文化环境的要求，总是习惯于放弃内心深处一切真实的痕迹，以至于活了一辈子都没有意识到这种分裂的存在。有时候，我们可能会感到内心的不满或愤怒，但我们往往将其轻描淡写成一种“情绪”，或者将其归咎于某些让我们受刺激的问题。面对这种内心的裂痕，我们会绕道而行，却没有意识到，这种裂痕正在我们的生活中一步步制造深沟断壑。

大多数人在长大成人后，并没有意识到自己为了得到爱和认可而采取的这些错误方式。如果碰巧有所觉醒，就像我开车意外偏离公路时那样，我们通常也会急忙遮掩，没过多久又恢复到原有的生活方式中。一切都在“已经足够好”的幌子下维持原状。

知道了这一点，你可能会惊讶地发现，“自我”其实就是“中庸好人”的意思。“自我”是我们在头脑中构筑的自我形象，是一种看待自己的方式，这种方式与家庭和社会对我们的期望相吻合。它是在成长的过程中慢慢发展起来的，它教会了我们在现实生活中如何聪明地与人打交道。

童年时，我们没有能力释放真实的自我。长大后，我们只能屈服于周围的环境，即便这意味着脱离了我们的本心，我们也别无选择。那个“自我”实际上是一个虚假的自己，通过它，我们可以融入这个社会。作为成长过程中必不可少的一部分，我们本能地接受了这个虚假的自我，为的就是确保我们的需求得到满足。这个“自我”的狡猾之处就在于，它悄悄地发动了一场“政变”，慢慢地推翻了我们对真我的认识，我们甚至都意识不到它让我们做出了改变，越来越适应我们的家庭和文化。我们从童年起就接受训练，屈服于父母的命令，通常不加任何反抗。我们不断地扭曲自己，让自己符合别人对我们的期望；经年累月，别人对我们的期望也就成了我们对自己的期望。

如果父母告诫我们不要太情绪化，不要太这样或者太那样，我们中的许多人会立即响应这些告诫，调整性格，以符合他们的标准。就像翠丝特那样，这个“自我”成为保护我们的盔甲，帮助我们削足适履，成为标准的好孩子。

我们如此渴望被父母接纳，被自己的文化圈子认可，以致我们会屈服于这种“自我”的强大而本能的诱惑，并慢慢地埋葬自己的真实本性。结果就是，我们呈现在世人面前的是一个虚假的自我。我们以为这就是真实的自己，但实际上它只是我们因为害怕被人指责不优秀、不可爱而戴上的一副面具。

摆脱“理所当然的现实”

坦率地讲，我这辈子大部分时间都生活在迷雾之中。当然，真我也会偶露峥嵘，但大部分时间都蛰伏在水底，一藏就是几十年。回首过去，我不禁有些好奇，当我无法获得情感上的认同，感到被压抑时，我是如何保持沉默的？作为女性，如今的我绝对不会允许这种事发生。然而，同样作为女性，过去的我不仅任由这种事发生，而且一度把它合理化成唯一的选择。

这就是我说的“雾里看花”。所谓雾，是我们身边的一种氛围，无论对男性还是女性都是如此。这团雾气导致人们视而不见，否定现实。我们会看不到事物本来的面目。这种氛围正是由所谓“父权”造成的。伴随这种父权制度的，是对女性和儿童的压制和诋毁。男性习惯于处于社会的顶层，运用权力，将他人玩弄于股掌之间。如果不加以控制，这样的等级制度会变得有毒。这种有毒的男子气概会变成一种文化基调，给女性和男性都留下情感上的伤疤。坦率地讲，我们的意识被这团迷雾模糊了，在生活中引发了各种严重的功能失调。

正因为如此，女性和儿童在面对男性时，潜意识里就会保持警惕。我们从小就知道男人说了算。与此同时，我们在潜意识里也知道，只要附近有男性，就是潜在的威胁。每个女性都本能地知道，要避开巷子里成群结队的男人。这种本能并不仅仅是妄想症，而是一种内在的谨慎，在我们的文化中，这是被无数女性遭到侵犯验证的结果。这种谨慎有保护作用，同时也是难以承受的负担。

你能想象得出，这种可能受威胁的潜意识会如何塑造我们的心灵吗？无论是偶尔提高嗓门说话还是动辄狂怒暴虐的父亲，他们都教会了我们在生活中面对男性时本能地保护自己。这对我们造成了伤害，并且从根本上塑造了我们的成长方式。

父权社会把女孩子训练成了跟随牧人的绵羊。我们一开始就知道，自己是只迷路的绵羊，在寻找牧羊人；接着人们告诉我们，我们的牧羊人要么是上帝，要么是父亲，要么是我们未来的丈夫。我们都老老实实地跟着牧羊人。我们深知，做一只好绵羊的要诀就是丢掉自身有别于他人的真我，融入群体，奴颜婢膝，逆来顺受。光芒四射？这是不可接受的，而且也违反了羊群的规则。一定要谦虚、低调，这样才能适应环境，这非常重要。我们很早就学会了消失，学会了隐形，甚至能和周围的迷雾融为一体。

我看到很多女性虽然受到现代父权社会的虐待，却不断为这种不幸找借口。我们的习惯，我们的默认选项，就是认为凡事都是自己的错，这就好像孩子被父母忽视或虐待时，总认为是自己的错一样。正因为如此，我们当中很多人不会站出来控诉这种有毒的待遇。我们甚至不相信这是一种可以改变的选项。遭受恶劣对待是我们日常生活中的一部分。我们天天目睹自己的母亲和姐妹这样忍受周遭的一切，我们在这种环境中长大，坚信事情本该如此。

这本书对我们提出了挑战，要求我们推倒现状，鼓励我们摆脱“理所当然的现实”，打开全新的视野，认识真我。它首先让我们睁开眼睛，认清现实——生理构造如何塑造我们，心理状态如何束缚我们，文化环境如何威吓我们，让我们迷失真我。通过理解和接纳这三个层面的事实，我们最终会挣脱束缚。

我们要做的第一件事，就是把周围的环境称作“迷雾”；因为是迷雾，所以要把它与现实区分开来。对我而言，我花了几十年的时间才给我周围的环境起了这个名字。我一直生活在恐惧中，生怕别人觉得我特立独行；为了保持和谐美满，我总是逆来顺受——如果有人表现不好，一定是因为我做得不好。我以为我就应该承担责任。我完全不知道，自己做的一切其实是把本该别人承担的责任转嫁到了自己身上。我觉得只要我忍辱负重，逆来顺受，对方就会感到舒适，就愿意和我在一起。

我花了很长时间才认识到逆来顺受和承担责任的区别。逆来顺受会让我陷入恐惧，随之而来的是缄默和妥协；而承担责任会让我看到自己承受的伤害，并勇敢地站出来。

当我们处于这团迷雾之中时，恐惧是起主导作用的情绪。因为我们生活在恐惧中，所以我们不会主动说出这团迷雾的毒副作用。随着恐惧而来的是自责，而最糟糕的则是感到恐惧却不采取行动的羞耻。我就在自己的人生中看到了这种恐惧—自责—羞耻的恶性循环。每当我因为恐惧而没有站出来为自己辩护时，我的内心会一连几天饱受折磨。只有当我敢于承认自己的恐惧时，我才开始觉醒。

看到了吗？这里有两支利箭。一支是我们女性实际上承受的诋毁和沉默；而另一支则是我们在默默忍受时的那种自责和羞愧。在内心深处，我们知道应该勇敢地说出来。我们的恐惧总是围绕以下几个问题：

别人会怎么说呢？

要是没有外界的认可，那我究竟是谁呢？

要是说出来，会影响我的生计吗？

我的孩子会受影响吗？

我会不会面临情感或身体上的伤害呢？

我们不仅总是恐惧，还因为缺乏勇气而厌恶自己。在恐惧—自责—羞耻中不断循环，让我们总处在压抑之中，内心一刻也不得安宁。最终，我们发现，必须给它起个名字才能驯服它。我们要行动起来，站在屋顶上呐喊："我也一样（Me Too）！"我们不再任由自己淹没在受害者的汪洋大海中，我们要站起来，结束这种甘愿屈服的状态。

我特别理解女性气急败坏、义愤填膺或者心灰意冷时的感受。她们的感情压抑得太久，一旦爆发，就恨不得高声尖叫："我受够了！"这样的女性常常被贴上"不理性"、"情绪化"

和“疯疯癫癫”的标签。她们很可能受到社会的排斥。因为害怕这种情况发生在自己身上，我们总是避免冒失。但我们几乎没有意识到，做个冒失的女性，其实是一条通向自我救赎的道路。

如果我们灵魂的声音总被恐惧掩盖，我们就会一直充当外界力量的傀儡。在恐惧的操纵下，“自我”就像一台机器，我们所有的反应都像机器人。我们变成了恐惧的奴隶，具体的表现各种各样：

害怕遭到拒绝；

害怕失败；

害怕受到排斥；

害怕孤独；

害怕一无是处；

害怕遭受精神或身体上的虐待……

我们是那么习惯恐惧，干脆把恐惧当作自己的第二层皮肤。恐惧在我们的人生中无处不在，我们甚至没有充分意识到自己是如何被它控制的。由于女性在父权社会中的地位不高，在生活中，男性总是更强大，我们因为害怕遭到男性的惩罚而任由自己受了欺负还保持沉默。日积月累，这种低眉顺眼的沉默就变成了我们默认的常态。这种状态十分微妙，我们自己常常察觉不到。

无论我们是否置身于一段有害的情感关系中，是否遭受过身体上的虐待，事实就是，我们离这种可能性往往只有咫尺之遥。不要因为没有直接沦为父权社会的某种牺牲品，就自以为更睿智。实际上，这种事是不可避免的。在当今世界，只要你是一名女性，你就会以某种方式感受到它。你也许没有认识到这些经历到底是什么，但它们的确发生过，而且相信我，它们也的确产生了影响。在我认识的女性中，没有一个人完全躲过父权社会带来的沉重负担。

历经多年，我才终于意识到自己的价值和声音是如何被身边的人碾压的。我几乎羞于承认自己竟然那么盲目、那么心安理得地任由自己保持沉默——我这辈子大部分时候都是如此。我甚至不想告诉你们我的这一面，真希望你们看到我时，我的身上永远闪动着完美、睿智和力量的光环。然而我深知，只有我亲口坦承自己觉醒过程的真相，你们才可能开始自己的觉醒之路。

我们总是很容易隐藏自己脆弱的一面，隐藏自己不那么明智、不那么勇敢，或者不那么沉着冷静的一面。但女性只有在其他女性分享自己真正的心路历程，分享自己最详尽、最基本的历程时，才会放下顾虑，勇敢地分享自己的经历。只有在这样的分享中，我们才能共同成长。

去直面那些我们不愿承认，当然也不想让别人看到的部分，克服这种不适，是我们治愈之旅的关键。除非我们能做到直面自己，承认和接纳自己所有内在的部分，否则我们永远无法让自己变得完整。让自己变得完整，就意味着接受自己的一切——做到的和没有做到的，友善的和不友善的，坚强的和不坚强的。完整并不意味着完美。完整意味着接纳——在任何时刻，都会原原本本、毫不掩饰地接纳真实的自己。

在书中逐字逐句地分享自己的人生故事，常常令我感到不适。有时候，我会因为害怕得不到你们的认同而心存抗拒；但我知道，我必须克服这些恐惧。如果不克服，我就不会分享。如果不分享，我就不会成长。如果我不会成长，那你们也不会。

这种不适不仅是必然的经历，也是我们摆脱熟悉的环境、迈入新环境的唯一方式。我们已经习惯于逃避不适。但我希望这些文字能告诉你，我们只有朝内心的阴暗深处奋勇奔去，才能获得救赎、真理和自由。

就让生活跌至谷底吧

我知道，在这条追寻真实自我的道路上，我并非独自一人。我和数千名女性交谈过，她们都想走出迷雾，过更清醒的生活。我们天生健忘，以至于生活在一种虚假的、充满恐惧和压抑的自我意识中，需要被多次唤醒，才肯面对现实。

这让我回想起我的来访者帕姆。她在经历了一天格外痛苦的煎熬后给我打电话。她一整天都在照顾家人。那是一连串的苦差事，她得为家里的每个人一一做出安排：要开车送年迈的母亲看医生，要为患病的妹妹安排家庭护理，要帮女儿把家具搬到她的公寓里，要为小儿子辅导家庭作业，还要给她丈夫搞的一个项目帮忙。帕姆充满爱心、善良仁厚，她认为把家人的需求放在自己的需求之上是理所应当的。她这辈子都在这么做，并且一直扮演着这种自我牺牲的角色。帕姆没有意识到的是，正是这么做给她的情感带来了莫大的痛苦。她对此完全不自知。

去年她的体重暴增了十二公斤。她发现丈夫不忠，差点闹到离婚。她还经常对孩子们发脾气。然而，她没有面对自己的真实感受，反而通过拼命维持现在的角色来掩盖自己的真实感受，顽固地相信这个角色会为她带来梦寐以求的情感救赎。她一如既往地扮演好妈妈、好妻子、好女儿的角色，相信只有这么做才能得到认可。这让她万分痛苦，但她却认识不到。她完全被迷雾淹没了。

我委婉地提示她，这么辛苦地扮演拯救者和调停者的角色可能是出于自己的需要，她听了愤怒地反驳道："你是在暗示，是我自己想这样?"她几乎不敢相信我竟然会如此暗示。"我为什么要这么做呢?"她逼问道，"我干吗要心甘情愿地把自己折腾成这样呢？难道我是个受虐狂?"

我花了很长时间来解构她的惯有模式，终于让她明白，她在不知不觉中一直扮演着调停者、给予者和拯救者的角色。帕姆一直是家里的救火队员。家人不知道该怎么办——找她，家里需要人帮忙照料——找她，没人协调沟通——找她，有人发生口角——找她。有需要的地方，就有她来满足需要。这就是她从小获得父母喜爱的方式。在她的生活中，只要有人有需要，她就总是冲上去救援，而不会让他们自己想办法解决问题。若问她如何爱他人和接受他人的爱，这是她唯一知道的方法。她这种做法很可能吸引到需要帮助的人，让她能继续扮演熟悉的角色。然而，她不知道给自己留余地，不知道照顾自己，长此以往，她退让到了极限。

我们的文化环境教会女性通过牺牲和奉献来获得爱。这种自我牺牲的表现形式千奇百怪。不管是何种表现形式，我们都可以借由它从直系亲属那里获得梦寐以求的爱。我们的这种行为慢慢延伸到自己的朋友身上，继而延伸到其他人身上。只要这种自我牺牲的角色能让我们不断获得关注——不管这种关注是消极的还是积极的——我们就会抓着它不放。要不了多久，我们就习惯于这种角色扮演，甚至分不清那是不是真实的自我了。就像帕姆一样，我们会因为疲于奔命或者遭遇危机而一点点崩溃。那层厚厚的面具渐渐出现裂缝，光线沿着缝隙渗入进来。

以前我们一直龟缩在阴影里，光线的突然射入让我们感到惊慌失措。当这个熟悉的角色面具第一次被剥开时，我们一方面痛不欲生，可另一方面却又惊讶地发现自己仍然活着。这些感觉让我们大受震动，本能地想用原来那套方法掩盖裂缝，忘掉自己看到的事物。然而，随着时间的推移，创伤越来越多，裂缝逐渐扩大，那个“自我”再也无法掩盖这些裂缝。当这种情况发生时，我们通常称之为“崩溃”。如果出现这种情况时人已过不惑之年，则称之为“中年危机”。

通常，只有过度的创伤才能让自我偏离轴心轨道。一旦发生这种情况，整个人都会有种跌至谷底的绝望。作为一名治疗师，我总是静候来访者出现跌至谷底的感受。这意味着那个“自我”濒临死亡。来访者会拼命逃避，想尽办法绕过最后的致命一击，而治疗师则屏息等待。一旦跌至谷底，真实的自我会被迫扯下面具，这常常会让我们觉得不认识自己了，怎么做都不管用了。原先那些用来逃避真我的一切策略现在都失效了。

我的汽车冲出马路的那一天，就是我的人生跌至谷底的那一天。那一刻我意识到，我必须立刻做出改变。我不知道从哪里开始，也不知道如何开始，但我知道，是时候了。我的灵魂再也无法忍受这种侵蚀了。

我们长期以来默默忍受着文化对我们的约束，忍受着父辈对我们的诋毁；但当我们跌至谷底时，我们必须全面认识和纠正这些错误。最艰难的部分，就是站在镜子面前，眼睁睁地看着这些约束和诋毁在我们身上留下的痕迹。想到自己就这么任由他人忽视我们、轻视我们，我们会感到无法承受。

现在该怎么办？难道应该重新走回老路，继续按照从小到大学会的方式生活吗？我们真的能重新回到那团迷雾中，重新在充满了敬畏、礼制和传统的云团中沿着循规蹈矩的老路生活吗？

真到了跌至谷底、彻底绝望的时候，我们往往已经做出了选择。我们当然可以假装什么都没发生，但它真的发生了。我们的头脑可能会编造出各种幻想，诱使我们相信一切如常。但在内心深处，我们知道自己就是在逃避赤裸裸的事实。

人生的低谷之所以如此伤人，是因为原先那个虚假的“自我”在重压之下四分五裂了。原来的习惯和策略都跟着一并跌至谷底，我们只觉得情感仿佛失去了依托，这个地方陌生得令人生畏。没有了那层自我防御，我们到底是谁呢？

如果我们能够意识到，让生活跌至谷底、经历自我崩溃，其实是通往重生的入口，我们就不会那么害怕了。我们之所以抵制，是因为我们不相信这一切都是为了让自己变得更好。对此我完全能理解。

如果没有自童年起就设定的剧本，没有从小习惯的模式，没有文化强加在我们身上的桎梏，那我们到底是谁？我们有没有想过，当剥去那层面具后，我们是谁？如果我们鼓起勇气寻找答案，就能沿着这条轨道找到生活的真谛，立刻行动，去做最真实的自己。这就意味着，我们要深入挖掘我们的本心，抛弃一切与我们真实身份不符的东西；这就意味着，我们要放下生命中不再适合我们的部分，放下令我们停滞不前的模式；这就意味着，我们必须正视改变带来的恐惧，正视这一切背后的真相。

对帕姆而言，这就意味着她不必再去扮演拯救者和调停者的角色。渐渐地，她越来越认可真实的、内在的自我，不再通过围着别人转来寻求自我安慰。她越来越自爱，说“不”的次数也越来越多。起初，她身边的人对她的新做派十分抵触，甚至有种遭到背叛的感觉。这都是正常反应。当他们意识到别无选择时，也就开始接纳了。

帕姆终于让阳光照进了她的内心深处。她曾经的人生是通过牺牲自己来获得认可，现在，她终于尝到了摆脱这个剧本、重新演绎自己人生的滋味。现在，她已经能回答我们所有人在通往精神觉醒的道路上都会面临的问题：“我真的准备好诚实面对自己了吗？我真的准备好不再拼命从别人那里寻求认可了吗？”

说出你的真实感受

我们是如何学会在恐惧面前保持沉默的呢？我们好像从小就本能地知道，保持沉默比出声抗议更明智。当我在公共汽车上遭遇“咸猪手”，在街上被人非礼、搭讪，在商店里被骚扰，或者直接被某个男性无端辱骂时，我总是忍气吞声。我怕自己大惊小怪反而遭人报复。我更在意的是别人对我的看法，而不是做真实的自己。每个受过不公正对待的女性都有同感。我们都保持沉默，因为我们害怕说出来得不到认同，反而让事情变得更糟。

这种文化的压迫和征服一直主宰着我们的心灵，而恐惧就是我们每天的必修课。对我们的评价标准是按照保持沉默和顺从的程度来打分的。越安静、越沉默，得分就越高。这些都是父权社会的文化遗产，让每个人——包括男人——都苦不堪言。这就是有毒社会的本质——它不会放过任何人。

当我们陷入恐惧，并且保持沉默时，我们就和自爱渐行渐远。自爱的一个重要标志就是，能够毫无畏惧地袒露内心世界，并以此为荣，毫不愧疚。不断压抑内心真实的声音，只会使自己越发痛苦，和真我越发脱节；一味地排斥和忽视内心的真实感受，只会让我们越来越自欺欺人。这种自欺欺人会提供短暂的舒适，但随着时间的推移，它会让我们越来越麻木。我们压抑得越厉害，那种脱节就越严重。很快，我们就会觉得自己所说、所想、所做的一切似乎都与现实脱节了，整个人都会陷入到焦虑和无助的旋涡中。

当我们屈服于文化的控制、变得谨小慎微时，父权体系就会掌控我们的生活。推翻这种文化压制的最好办法就是不再沉默，大胆反抗。压制我们、不让我们发声，这种做法一点也不体面。这种压制对任何人都没有好处，只是在支持和维护父权的统治地位。

在大多数和男性的亲密关系中，我都处于恐惧之中。在事业方面，我很大胆；但在人际交往方面，却恰恰相反。在交往中，我总是隐藏起真我，任由自己戴上面具。我花了很多年才完全醒悟过来。一次又一次的诋毁，一次又一次的压制，一次又一次否定真实的内心，让我的压力越来越大。我假装一切如常，终于有一天，我再也装不下去了。之后，一切都坍塌了。

我能坐下来写这本关于彻底觉醒的书，是因为我自己也曾走过那条荆棘之路。这么多年来，我一直在欺骗自己，所以我明白要走出迷雾需要付出多大的努力。我的目标并不是让女性去关注自己的痛苦，而是想向女性证明，把痛苦转化为力量是完全可能的。

掩盖真相就是在向真实的自己宣战。我们选择视而不见，但事实不会改变。我们必须要认识到这一点；否则，我们只会一遍遍重蹈覆辙。当我们为了息事宁人而任由这种有毒的生活继续时，我们实际上就在任由自己陷入永恒的战争。没有真实自我的生活，永远不会获得平静。只有诚实地接纳自己，接纳生活中的一切，才能拥有持久的平静。

当我们愿意表达自己真实的感受、真正行动起来时，自爱的种子就会生根发芽、枝繁叶茂。每当我们尊重和接纳内心的感受时，我们都在自爱。每当我们对抗文化的桎梏、发出自己的心声时，我们就是在为自己和其他女性争取空间，让所有女性得到倾听、受到关注。

想象一下，如果全世界的女性都开始说出自己的真实感受，甚至说出自己的恐惧和失败，会是什么样？你能想象得出这种压力获得释放后的感觉吗？我们不会再时刻感到孤立无援、压抑窒息，却还要假装过得完美。我们将解放自己，解放彼此。

当一个女性勇敢地说出真相，说出自己多年来忍受的痛苦之后，她就会跳出恐惧的泥潭，解脱出来，拥抱一种全新的情感——热爱。她会宣布："我爱我自己。我说的话值得被人倾听。过去的一切并不代表真正的我。我相信自己内心的声音。"

在这本书中，我呼吁女性鼓起勇气，摆脱恐惧，拥抱爱意。当我们讲述自己的故事，彼此倾听、感同身受时，我们的内心会感受到一种融合。很快，真实、内在的自我就会前所未有地不断完整、连贯起来。当一个女性鼓起勇气为自己发声时，她就仿佛化为一股浪潮，为其他女性获得力量、解放自我扫清道路。当她开始以本真去生活时，其他人也会受到鼓励去效仿。她的关注点会从害怕追求幸福转为渴望追求幸福。她明白，她不再恐惧，才能真正地爱自己、爱自己的姐妹、爱自己的女儿。

当我们开始注意到自己如何自我压抑并深陷其中时，我们就有机会一步步开始表达自我。这可能需要时间，因为我们还不习惯听自己说真话。我们可以先向亲近的人表达，比如亲密的朋友，或者自己的母亲。也可以参加辅导课程或者进行某种治疗，向一位相对陌生的人倾诉。当我们这样做的时候，我们不再是原来那个无意识的、被动的受害者，而是在有意识地展示真实的自我。

意识到文化是如何压制我们并让我们沉默的，可以让我们更好地了解自己的心灵。这种意识并不是被动的。它需要仔细审视我们的内心，弄清楚影响它的环境。通过这种主动的解构和识别，懵懂的意识会渐渐觉醒。

当你读到这些文字时，可能会感到害怕，甚至不知所措。你可能会多多少少感到自己难以做到。如果是这样，我下面的回答也许能让你安心：没有完美的觉醒方式。这并不是要到达某个目的地。简单地说，它是让你敞开怀抱——当你把这些文字读进心里时，你自然会敞开怀抱。这就是觉醒之路，就好像在黑暗的房间里扭亮了电灯。这些文字就是电灯。当它们被点亮时，你会看到先前藏在阴影里的东西。一旦电灯亮起，你会不由自主地看向那里。这就是你的新觉悟带来的自然结果。

你终于读到了这里。真不简单！让我们深吸一口气，一起进入下一章。

第2章

何为“模范女性”

你不但要好，还要优秀
不但优秀，还要拔尖
不但拔尖，还要卓越
不但卓越，还要完美
不但完美，还要向自我宣战。

“只要我开始一段感情，就会丧失自我。”经常有女性这样对我说。当她们告诉我，她们的感情生活正在毁掉最后一丝自我时，我并不感到惊讶。因为我知道，在重新发现自我的过程中，女性会意识到，她们的感情生活并不是真正的自我开始消失的地方。感情生活只不过是一个见证，见证她们本已摇摇欲坠的内心世界最后的崩塌。

没有人会因为遇到某个人而丧失自我。那个自我在遇到对方之前就已经丧失了。

在我们长大成人，并开始一段情感关系之前的几十年，我们就开始偏离自我了。当我们还在母亲的子宫里，那股偏离真实自我的癖好就随着母亲的心跳进入我们体内。如今我们发现的这条偏离之路是代代相传的，我们只是不知道而已，直到一段情感关系反映出了自我的丧失时，我们才会意识到。如果幸运的话，我们就能从中认清规律，并觉醒过来。

尽管我们没有意识到，但大多数女性从少女时代起就受到训练，拥有三重渴望：渴望获得认可，渴望获得批准，渴望获得赞美。这“三重渴望”会占据我们空虚的内心，那里本该绽放着我们的本心，现在却空空如也。一旦无法认清真实的自己，我们就会在不知不觉中将这“三重渴望”当作我们的“自我”，当作一剂迷幻药。

当我说到“本心（essence）”这个词时，我指的是一种根植于内心的对真实自我的认知。这种认知不会受到任何外部目标的束缚。当我们能够随心所欲地去探究，将对自我的认知牢牢根植于本心时，我们就会发现自己原来是那么强大。问题是，他人在我们的灵魂深处往往扮演着比我们自己更重要的角色。这就是导致我们不适的根源。我们总是受制于他人的看法，将自己雕琢成他人要求的样子，其程度之深，令人震惊。

我在故乡印度以及现在生活的西方国家中，和数百名女性共事过，我遇到的女性大多是在这种顺从（即使不是卑躬屈膝）的环境中长大的。我指的不是挨打和受虐待，而是一种强烈的困惑，完全不清楚自己到底是谁，热衷于屈从他人或者文化对我们的要求而抹杀真实的自我。无论表面上看起来有多么不同，每个女性都在苦苦挣扎，眼睁睁地看着真实的自我被他人夺走。当我们剥去这些文化设定，不再是某人的女儿、某人的姐妹、某人的妻子或者某人的母亲时，我们到底是谁呢？

重新理解人们对女性的要求非常重要。无论我们身在哪里、收入多少，无论我们是在巴基斯坦还是在俄亥俄州的农场长大，我们虽有差异，但人们对女性的要求都一样。有的人可能是通过吃羊肉咖喱饭掌握这些基本要求的，有的人可能是通过教堂礼拜日的土豆牛肉掌握这些基本要求的。但无论这些要求是如何传递下去的，以何种语言传递下去的，有一个事实始终不变：人们在本质上要求女性习惯克制和奉献，要把他人——特别是男性——的需求放在自己的需求之上。因此，我们经常感到精疲力竭、心力交瘁。我们经常发现自己脾气暴躁，却很少意识到原因所在。

我们首先要理解自我克制或自我厌恶是如何变成内心深处的自爱的。要做到这一点，需要深入内心，去理解表面的那个自我与内心真实的自我分离得有多严重。只有这样，转变的种子才会迅速发芽、开花。

在觉醒的过程中，有一个要求就是拿起镜子，认真审视我们持有的每一个错误信仰，以及每一个令我们沉迷其中，却引发功能失调的模式。如果不对这些内容进行细致、全面的审视，我们就无法发现自己陷入的错误模式，也就无法摆脱它们。

事实上，没有人愿意把自己看成某种文化塑造的结果。当我们得知大部分关于女性角色的规定其实是谎言时，该有多难受啊。这需要我们深入地审视内心，认真剖析这一层层的设定，最终搞清楚我们受到了多大程度的蒙蔽。一个人发现曾经坚信的事情大部分都是谎言，当然很可怕：这个真相多么令人震惊啊！

如果你产生了这样的反应，我完全能理解。我知道你的感受。对我而言，认识到这些真相同样是极其艰难的。我觉得生养我的父母、塑造我的文化统统背叛了我。这让我既愤怒又沮丧，恨不得把自己封闭起来，彻底远离这个世界。这都是很自然的感觉。你熟悉的社会好像《黑客帝国》电影中的“母体(Matrix)”。脱离“母体”这个舒适区，从来都不是一个轻松的选择，常常让人情绪不稳、困惑不已。但只要你不是苦苦抵制，而是坦然接纳这些不适，就能逐渐看出这种深入审视内心的重要性。

我们越能拨开心理防线的蜘蛛网，越能仔细审视内心，我们在未来被这些蜘蛛网困住的风险就越小。然而，如果我们连自己是怎么被蜘蛛网绊住的都不知道，又如何能避免再次被它们绊住呢？

这种审视内心的工作尽管十分艰难，但它回馈给你的无疑是最好的礼物，那就是真我。我们中大多数人都没有意识到真我在生活中能够产生多大的力量。在我自己的人生中，只有通过艰苦卓绝的努力，丢掉我所有不真实的层面，我才开始感受到内心的解放。我希望这些文字也同样引导你走上这条道路。我知道，这些文字有时会激怒你，令你不适。但我会陪着你，支持你，为你呐喊助威。让我们继续往前走吧。

“我足够好吗？”

尽管表现形式各不相同，但大多数女性都是出于共同的内在压力而不断压抑自己的。这种压力简单地说就是一个问题：“我足够好吗？”

在我们这个星球上，有谁能百分百符合文化的标准呢？你没猜错——没有人。但我们从小听到的并不是这样。我们被误导了，以为只要这件事或者那件事做得足够好，我们就能奇迹般地变好。当然，这是一个陷阱，会让我们永远痛苦，永远觉得自己一无是处。

只有当我们成了这样或者那样的人时，我们才觉得自己有价值，才会爱自己，以自己为荣，这就是我们长久以来潜意识中的脚本。只有符合某些标准，我们才会认为自己有价值。我们必须成为某个人、成就某件事，才能被人认可和接纳。

这种不真实和丧失自我的情况是如此普遍，有时我甚至认为这已经写进了女性的情感基因。我们似乎习惯了丧失自我，从小就接受训练和洗脑，早早忘记真实的自我，放弃做真正的自己。实际上，我们在出生前就已经开始迷失自我了，而我们的祖先将这种理念一代代传递下来。

你可能并不认为自己丧失自我了，那是因为这种迷失很会伪装。它会以下面这些方式呈现出来：

羞于表达自己的看法；

不知道如何设定合理的边界；

事不关己高高挂起，遇事总退缩；

急躁易怒，缺乏耐心，无端发脾气；

缺乏性欲；

轻易放弃目标；

无心照顾自己；

毫无目的地忙碌；

常常不知所措，心力交瘁；

常觉得困惑，顾虑太多；

做事拖拉，有时候故意制造障碍；

缺乏安全感，经常自我怀疑；

没完没了地担心和焦虑；

对食物和药物上瘾……

为了获得认可、批准和赞美这三样宝贵的迷幻药，女性会想尽办法变身，变成周围人希望的样子。毕竟，我们早就熟悉了自我克制的角色设定。如果一位女性从小到大一直认为自己是个“好女孩”，情况就更糟了。“好女孩”会拼命地努力获得认可，拼命地从外部世界中寻找归属感和认同感。她从小就知道，她的“好”源自两点：服从他人和服务他人。一些被当作模范儿童来培养的女孩还会再增加一个动机：追求卓越。这样的成长模式使她产生了一种情感定式——一种对外部世界做出反应的习惯性方式。于是，女性会逐渐将这种程式化的生活方式和真实的自我混淆起来。

真实和“好”之间有很大的区别。我们是那么沉湎于如何做个“好女人”，以至于完全放弃了内心深处的本真。只有当我们认清这种对“好女人”的依恋如何让我们与真实的自我渐行渐远时，我们的处境才会改变。

对认可、批准和赞美的过度渴求

真要这么简单倒好了。问题是，所谓的“好”只是一层遮羞布，掩盖了一些更为险恶且穷其一生也无法达到的要求。这种“好”其实代表了必须以某种特定方式行事的期望，不管这种方式符不符合我们的本心。如果某个行为符合某种外部标准，无论是某个人还是整个社会的标准，这种行为就被认为是“好”的。

同样，男孩子也有一套标准。我们每个人都有。文化迫使孩子们服从，让他们渐渐脱离本真，变得不再真实。对女孩子而言，这一过程更加艰难。因为从小到大我们接受的训练让我们认定：只有那些永久维系父权社会的力量才是“好”的力量。对于女性而言，“好”就意味着顺从、低三下四、不平等。而男孩子呢？他们可以“好”，也可以“坏”。事实上，有时候他们越“坏”，得到的认可反而越多。

要解构这个问题，我们首先要摆脱关于“好”的标准观念——彻底摈弃它。只要我们认识到关于“好”的标准有毒，一切就会改变。只有做到了这样、那样才算足够好，这种观念本身就是不正常的，必须抛弃。当我们相信了这种谎言，我们就会努力去迎合这些标准，让自己感到有价值。我们会不断地用虚假的数字和各种比较来衡量自己的价值。

“好女孩”基于自己在人际关系中的位置来建立自尊。她们相信，必须把他人放在自己的人生之上，否则就是不够关心别人，不能维护人际关系。如果她对别人不够容忍迁就，就会被看成自私、残忍。如果她发号施令，就会被贴上“悍妇”的标签。

当然，并不是所有人都盲目遵从社会的这些章法。很多人在青春期就放弃了，要么因为表现不佳而选择漠视，要么因为不满意而变得反抗叛逆。你还记得自己年轻时做过什么吗？是盲目顺从，变成了标准的“好女孩”，还是在青春期时浑浑噩噩、对什么都漠不关心，抑或是变成了一个事事都要对抗的叛逆狂？

不管这种状态是在青春期还是之后表现出来的，重要的是，我们要从中发现这样一种模式：我们已经习惯于遵循。相比于要反抗还是顺从，重要的是认清我们要反抗和顺从的是什么。

无论你现在是青少年还是成年人，可以肯定的是，你从孩提时代起，首先被灌输的观念就是对认可、批准和赞美的三重需求。好女孩就是这样长大的，就是这样一点点忘记了自己作为独立个体的权利的。她一步步被训练成只能在规定的社会准则下生活。

早年经历的影响

一个女性是棕色皮肤还是白色皮肤，是肥胖还是苗条，这都无关紧要。只要是女性，我们就有一个共同的背景。正因为如此，我们每个人都以这样或那样的方式饱受父权体系的折磨。这只不过是现代社会带给女性的副产品而已。

我在前面说过，我自己的故事就可以充分说明这种洗脑文化是如何起作用的，如何巧妙地把我的本心深深埋藏。既然如此，让我来分享一些我们共同成长的社会中出现的关键要素吧。你很快就会发现，无论背景如何，我们其实都有很多共同之处。

在我写这本书的时候，“黑人的命也是命（Black Lives Matter）”的抗议活动上了热播新闻。我从小成长在一个对白皮肤公开地、毫不掩饰地加以崇拜的文化环境中。最热销的面霜品牌叫作“白又美（Fair & Lovely）”①。在你读这本书的时候，它仍然是畅销产品。棕皮肤的印度女孩很早就知道，她们的肤色不符合理想标准。她们头发的质地、臀部的弧度以及腿的长度同样不符合理想标准。她们发现自己方方面面都不够好。面部需要漂白，只能吃流食来保持身材，头发必须拉直。

在一个总是将这些特征理想化的国家里，我因为较浅的肤色和眼睛而得到了太多的关注。尽管我的肤色比周围人浅，但我仍然觉得还不够浅，我就在这种鼓励自我厌恶的氛围中长大，总是拿自己和杂志封面以及银幕上那些白皮肤的标准美女作对比。

作为一个孩子，因为外表而获得的认可让我十分困惑。我

① 联合利华公司旗下的品牌，在印度销量第一。——译者注

受到了极大的关注，特别是年长男性的关注；但我同时也受到了鄙夷和蔑视，它们大多来自年长的女性。这一切都发生在我十岁之前。我还记得当时总是想："怎样才能让自己变丑，变得卑微，变得足以让周围的人不会因为我得到了更多的关注而不满呢?"

我儿时最要好的朋友后来告诉我，早年间和我在一起的日子对她而言是什么感觉。"和你一起走在路上是我最糟糕的体验，"她说，"所有人的目光都会看向你。人们会停下来对你评头论足，捏你的脸颊。可是，却没有人看我一眼，就好像我是个隐形人。"当她告诉我这些时，我感到很难过。我觉得有必要道歉，让自己在她眼里显得卑微一些，这样她也许会感觉好一点。

对我的朋友而言，仅仅因为她的眼睛更黑，皮肤更深，就不漂亮、不可爱，这到底是怎么回事？年轻女孩子在成长过程中因为不符合理想的美丽标准就会感到低人一等，这种文化该有多糟糕？

问题是，许多女孩都被这种"一白遮百丑"的美丽标准困扰着。究其原因，是女性总是不断地被人评判外表——要么吹捧，要么诋毁——而我们又完全无法避免。任何时候，只要我们对价值的感受与某些外在因素联系在一起，我们基本上就完蛋了。获得认可，我们就感觉良好；不被认可，我们就感觉糟糕。

我们渴望拥有那些体现自身价值的东西，看到其他女性拥有这些，我们就会情不自禁地嫉妒。在我的生活中，来自其他女性的嫉妒屡见不鲜。从小时候起，我就经常听到其他女性对我的外貌冷嘲热讽。我们家的一个邻居——我总是亲切地称呼她“阿姨”——就经常警告我说：“别以为你的美貌会长久。你现在不过是年轻而已。”她这么说也许是出于好意，但在我听来却满是轻蔑和厌恶。她完全没有意识到这让我开始厌恶自己的长相，满心希望能和其他人一样。

十一岁时，我终于找到了解决这个问题的方法。我可以变胖。这听起来很讽刺，但对于那些试图让自己隐形的女性而言，这是一种常见的方法，也是我的策略，而且的确奏效了。最后，我的耳根终于清净了。尽管我仍然吸引异性，但女性不再憎恨我了。重要的是，我由衷希望别人对我不再那么刻薄。我希望她们喜欢我。

到十三岁时，我满脑子都被灌输了知廉耻和保持卑微的思想。我从身边的女性那里学到的就是，永远不能抛头露面，永远不能引人注目。可笑的是，这些人生教诲并非来自男性，而是女性。正是她们的蔑视让我明白，甘为绿叶远比脱颖而出有利得多。最好是沿着大多数人走过的老路往前走——大学毕业，再工作个几年，但务必迅速结婚，稳定下来，然后生孩子。

这条人生道路走到这里就结束了，似乎做妻子和做母亲就是女性的最终归宿。只要偏离这条路，就会危机重重。女性为什么要抛头露面、自寻死路呢？向妈妈们虚心地取经，学习育儿经验，沿着“模范女性”的道路走下去，这显然要容易得多。

真正重要的是，我们要认真观察周围这些标准的真实含义，并审视它们产生的毒害。只有注意到这种旨在抑制我们本心的文化对我们造成的情感蹂躏时，我们才会渐渐发现真实的自我。走上这条道路的第一步，就是要觉醒过来，认识到这种文化其实在用各种方法让我们沉迷其中、无法自拔。

把洗澡水和婴儿一起倒掉了

只要认真思考一下，你就会意识到，无论女性生活的背景和所处的文化如何，焦虑都无处不在。我们有数千种手段护理头发，让它莹亮光泽、柔软蓬松；我们有无数种方法装扮指甲，让它们色彩缤纷、闪闪发光；我们在美妆上投入巨资，还要看若干网上教程学习美化脸型的技巧。所有这些，无一不在证明我们和真实的本心有多么脱节。

我们还用各种方式来掩盖内心的空虚：无休止地节食、穿聚拢型文胸、注射肉毒杆菌、贴假睫毛。除此之外，我们会为了改变原本的身材去穿塑形瘦身内衣，为了突出翘臀去穿丁字裤，为了看上去性感撩人去穿紧身衣，为了显得高挑去穿极其不舒服的高跟鞋。总而言之，我们总是焦虑不安，投入惊人的精力去“修复”我们的外表。当然，也有许多人反对这一做法，并努力去挑战这些“标准”。可当我们这么做的时候，却又会因噎废食，把洗澡水和婴儿一起倒掉，索性完全忽视了对自身的关注。

女性感到内心空虚，都源于一个事实：女性的本心在一开始就遭到了破坏；无论怎么做，都会备受打击。我们完全被洗了脑，觉得要想活着有意义，就必须去迎合一个关于美丽和优秀的不可能的标准，这样的标准就是我们心中的“完美”。当然，完美也是相对的。但总体而言，追求完美就意味着给自己压力，去做更多违背本心的事。

在冲突中，我们还有很多方法来压制自己的声音，让自己保持沉默。我们害怕自己的思维和风格与众不同，于是尽量把自己简化。还有一些情况我们不敢说“不”，因为我们害怕遭到责罚。所有这些都在破坏我们内心深处蕴藏着巨大能量的宝库；我们明明拥有它，却从不敢走近它。

这样的生活态度并不是法定规则。就像我之前说的那样，它们都是通过脐带，由母亲传承给女儿的。我们是在耳濡目染中习得了这种生活态度。因为这样的普世观念跨越了所有的文化，于是女性就把它看成了一种最自然不过的生活态度——所谓“模范女性”的生活态度。

我要告诉你的就是，所有这些，都不是自然现象，而是纯粹的文化现象。我想告诉你，我们是如何被一种潜意识的文化操纵的。然后，我想向你证明，我们完全没必要买它的账。

我知道你在想什么：“说得轻巧，做起来就难了。”在我生命的前四十二年里，我对“模范女性”的信念无比痴迷，完全被它奴役了。它紧紧地扼着我的喉咙，让我只能用一种假声惺惺作态地说话。它化作束身衣，紧紧勒着我的肋骨，令我窒息。它化作高跟鞋，支撑着我脆弱的脚踝。它把我大胆的陈述变成了小声的质疑，把真实的自我变成了无耻的谎言。它化作皮肤盖住了我的面庞，让我从此戴上了面具。当我试图把自己和其他女性作比较时，它又用无休止的焦虑打破我内心的平静。

无论我们离家有多远、有了何种身份、取得了多少成就、变得多苗条，无论我们的子女在各种竞赛中获胜了多少次，那些伴随着成长的对女性的刻板印象永远如影随形。这些刻板印象的原型已经成为铸就我们心灵的基石。

这就是早年的经历如此关键的原因。我们从小耳濡目染的东西早已沁入肌理、渗透骨髓。我们年幼的耳朵和敏感的心灵会仔细倾听母亲关于什么能做、什么不能做的权威论断，会认真观察父亲使用甚至滥用权力的方式。这些早期观念渐渐变成我们赖以生存的基础。

摆脱这些原型观念的唯一方法就是打破它们。而打破它们的唯一方法就是开膛破肚，将根植于内心深处的这些虚假身份扯出来。我们必须豁出性命去了解自己一步步变成现在这样的来龙去脉，只有这样，我们才能让自己的本心，才能让那个真我重新活过来，才能真正地开始生活。

正如我们已经知道的那样，要把“模范女性”的旧模式摈弃，从内到外重新设计一套新的模式，并不是一件简单的事情。这需要有极强的进取心。渴望稳定是我们的本能。总的来说，我们希望志得意满而不是铤而走险，渴望恒久不变而不是颠倒错乱。只有给自己注入一股狂野的精神，并准备好把生活搅乱，我们才能将陈旧的过往改造成全新的家园。

我说的是精神层面的真正复兴，是要激发强大勇气的行动，是精神斗士的工作。我说的这种转变，需要女性彻底的觉醒。

第3章

问题从来不在别人身上

宝剑若不插入鞘中，剑鞘只是空壳
利箭若不藏在袋内，箭袋只是空囊
牡蛎若不含入壳里，牡蛎只是空贝
为了价值和目的，人人都需要彼此
离开了彼此，任何一方都不再完整。

虽然女性似乎命中注定要遵从文化的指令，但改写命运的力量就在我们自己身上。这就是女性的觉醒发挥作用的地方。我们越是敢于承认痛苦的过往情感、承认自己的浑浑噩噩、承认各种心理成瘾的问题，就越有能力去超越它们。直面心魔是消灭痛苦的唯一方法。只有逐一审视这些问题，才能真正夺回属于我们的力量。

这本书可能会写成一本平庸的汇编，一本专门收集激励女性如何做最好的自己、如何平息怒火的心灵鸡汤类的作品；也可能会写成一本指导我们如何重获力量的灵感大全。许多女性都写过这类书。但我对激励他人并不感兴趣。我关注的是女性的觉醒，这是完全不同的。在解构清楚我们女性是如何走到今天这一步之前，任何激励的话语都不会奏效。它们只是治标，而不是治本。要想觉醒，我们就需要忽略对诸如保持快乐、主动进取和积极向上这些事情的渴望。这些都是很棒的品质，但前提是我们真心内省，否则就只能在高峰和低谷之间来回循环。只有彻底治愈内在的创伤，才能彻底开始一段新的生活。

要开始内省的工作，正如这个术语暗示的那样，第一步就是要审视内心。我们的本能是环顾四周，而内省意味着把自己从外部环境中剥离出来。精神上的觉醒很大程度上包含了一系列艰苦卓绝的求真与和解的过程。事实上，南非种族隔离制度的废除以及德国纳粹统治结束之后的求真与和解，就是这样的过程。人们一遍遍重述那些充满了虐待和痛苦的故事，往往还是当着作恶者的面重述。我们将创伤展现出来、重述出来、记录下来、补充完整，这样的过程就是在疗伤。起初，残酷地切开伤疤会让我们痛苦不堪。但没有这个过程，我们就无法获得释放和快乐。真正的治愈必然包含对自身痛苦的全面正视。

跳过这个过程，就是在精神上回避。这个术语的意思是说，为了让自己或者他人继续保持精神层面的优越感而刻意回避痛苦的情绪。事实就是，我们无法通过强迫自己感觉良好来让自己“内心清净”。这么做与精神层面上的抗争完全相反。

无数女性因为害怕被曝光和受伤，不敢袒露她们的内心世界。她们相信，这些经历只有她们自己遭遇过。而事实上，你会在这本书中寻找到一系列与自己的经历类似的版本。我们的内心体验其实相当共通，姐妹情谊就是这么产生的。一旦认识到我们之间的联系，这个群体中的人就会成为彼此最坚实的后盾。

如果我们把自己身为女性这件事归咎于他人，那很容易就能找到抱怨的对象。我们可以轻易指责男性和父权体系，落入痛批男权主义的模式。但这样做是错误的。男性只是父权体系的一部分，当然是不可分割的一部分，男性是父权体系中的领导者——甚至是创造者，但这并不意味着他们就不受父权体系的支配。父权体系由来已久，在这套体系下成长起来的男孩会和女孩一样受到文化中父权思想的困扰。男性享有的特权比女性多吗？当然。但我的观点依旧不变：不仅是女性，男性也以他们自己的方式被父权体系统治着。

据我所知，无数男性也认为自己要戴着面具生活。他们不得不藏起自己的眼泪和恐惧，放下自己的真实欲望，扮演奉献者和保护者的角色。我希望大家不要忘记，女性并不是唯一被父权体系奴役的群体。这就是有毒社会体系的标志——每个人都深受其害。一个人虚伪，每个人都跟着迷失。同样，当一个人挣脱了束缚，大家就会知道，每个人都有能力做到。

觉醒的女性并不是为了哀叹或者感受伤害才去理解这些困境。她会全面考虑自身处境。事实上，她有时候会认可自己在父权体系下受益的部分。例如，女性不需要做男性该做的繁重体力劳动；在遇到危险和紧急情况时，女性和儿童总是优先撤离的群体；更不用说，战争时期永远要求男性比女性承担更多的战斗任务。在这些方面，女性享有某些男性没有的特权，这当然需要纳入考虑。

抗议文化或父权体系在某种程度上可能会让我们感到解脱，但这样做也会让我们陷入困境。只要一种解药需要和其他条件捆绑，那么即使它是有用的，我们仍然会受制于它。真正的自由不附带条件。当我们意识到这一点时，就可以开始独自前行。

明智的人都清楚，任何问题永远不会只有一个方面。男性和女性都在创造、维持和延续彼此的失败。女性是这套体系的共同缔造者，它征服了我们，而我们也同样是征服者中的一员。我们之所以深陷这种混乱，让这种局面延续至今，部分原因是我们也参与其中。

对于女性而言，要想让内心获得自由，就需要承认自己在父权体系中的地位。如果不这么做，我们就会只关注问题的一面，即男性对我们做了什么。虽然男性的确对女性做了很多不公正的事，例如侵犯我们的自由，虐待我们的身体，把我们当成附属品，等等，但我们自己也并非全无责任。是的，我们需要教育我们的父亲、兄弟和儿子，让他们明白祖先给一代代男性造成了何种影响。但这并不能真正驱动最终的转变。摆在第一位的问题就是：我们对自己做了什么？我们是如何把外在的恶内化到自己身上，创造了一个内在的施虐者的？

甘地告诉印度人，大英帝国并没有掌握他们通往自由的钥匙。他没有不停地谴责大英帝国，要求其放弃持续了二百年的统治，而是致力于让印度同胞获得力量。他没有去与敌人战斗，而是激励自己的同胞，让他们成为领袖，唤醒那些被认为是“受害者”的人们体内沉睡的力量。他提倡印度人自治和自立，不依赖英国的纺织厂，而是自己纺线织布来缝制衣服，自己生产食盐，拒绝使用外国制造的商品。他教导印度人要尊重双手的劳作，并为自己的成就感到自豪。这样做，英国的占领就变得不重要。

这就是意识觉醒的状态。它使压迫者变得不重要。它让受压迫者自己去看，认清自己如何亲自参与了奴役自己的行为；让他们发问：我该怎么做才能终结这种自我奴役的状态？我该如何发掘内心，找出解决方案，不再自甘被剥夺？

许多女性在身处一段不正常的关系中时，常常深感厌恶却毫无作为，因为她们一直在等待对方做出改变。她们的幸福像钟摆一样摇摆不定，完全取决于另一方。这个“另一方”可能是任何人、任何事——父母、配偶、孩子、自己的体重、自己的银行存款，甚至是自己的美貌。

许多女性在痛苦的婚姻中挣扎几十年，这是因为，在她们内心深处，并不认为自己对这种不正常的关系也负有责任。她们把自己的力量全交给对方，异想天开地等着白马王子来拯救自己。只有当她们认识到拯救者并不会到来时，才会唤醒内心的解放者。

在你认识的人中，有多少人的生活就像悠悠球，情绪和态度不断地来回往复，永远模棱两可？我的几乎所有来访者一开始都处于摇摆不定的状态。造成她们这种状态的首要原因是什么呢？就是她们完全相信，“对方”才是问题的症结所在。

这种悠悠球的状态并不是某一方的问题。我们总认为自己在爱对方或者恨对方之间摇摆不定，或者是在对对方迫切需求与极度厌恶之间摇摆不定。事实并非如此。是我们的内心有所缺失，而我们对这些缺失的部分忽爱忽恨，摇摆不定。只有解决了自身的问题，悠悠球才会停止摆动。当我们意识到问题以及解决办法都在自己身上时，改变的过程就开始了。这就是拼图上缺失的一块，也是关键的一块。没有这一块，即使对方做出了改变，我们也会仅止于感谢对方的改变而已。

当认识到我们一直在作茧自缚时，就打通了一条通往解放的道路。全面解放的过程首先起始于我们自己的思想，让思想独立于他人。当释放了所有外在的束缚时，我们也就释放了内在的力量，成了自己当之无愧的主人。

作为女性，我们需要改写自己的人生故事，审视自己习惯的所有设定，只有这样，才能消除有毒的父权体系几个世纪以来对我们造成的损害。在全面、勇敢地承认了性别歧视现象后，女性需要站起来反问自己：我们是如何一直在延续这种范式的呢?

父权体系这头狮子以女性的奴性为食。当我们意识到女性是如何让自己甘愿屈从而使这种奴役永存时，真正的智慧就产生了。不再关注父权体系如何创造了人的奴性，而是关注这种奴性如何导致对自己的束缚，这才是摆脱束缚的唯一途径。

如果不是我们主动从内放弃抵抗，他人又怎么能由外彻底征服我们呢？男性的支配和统治必然涉及女性的受支配和受统治。我在此澄清一下，我并不是说是我们主动要求受支配、受统治的，更没有原谅这种现状的意思。我想说的是，在这股支配和统治势力越来越强的进程中，我们也有份参与。作为女性，一个身材娇小的女性，我很清楚男性如何凭借体格优势毫无顾忌地征服我，我也很清楚，无论我的内心多么强大，对这一点我真的无能为力。然而，我同样知道的是，仅仅把注意力放在如何终结男性的统治地位上是愚蠢的，因为那意味着我们只能永远等下去。真相是：只有当女性结束沉默，团结一致，提升自己的力量，我们才能真正结束在这种状态中扮演的角色，从而摆脱有毒的父权体系的控制。我说的这种力量来自内心深处——由鲜血、汗水和泪水化成。这股力量来自心底的痛苦，我们会一环一环地卸下枷锁，一步一步地将自己彻底解放。

当我谈到要共同创造时，许多人都表示抗议。要想理解什么是共同创造，首先是要大胆地在我们所处的现实中承认自己扮演的角色，无论这是有意识扮演的还是无意识扮演的角色。我希望所有女性做的是，调整自己在这种现实中的行为和态度，只有这样，改变的车轮才会向着我们期望的方向滚动。

如果你读到这里感到抗拒，那我请你留意这种感受，并记录下你内心的变化。然后，我要求你继续读下去。随着书页的翻动，我要表达的观点也会越来越清晰。我既不是要对抗女性，也不是要对抗男性。我的立场是中立的，因为我明白只有当两性都得到平等的尊重，双方都获得同情和理解时，才会有持久的和谐。

有一天，我的朋友莎拉打电话告诉我，她开始接受心理治疗了，我真是为她开心。她总算想通了。她饱受不幸婚姻的折磨已有多年。后来她说："我需要治疗师教教我，如何应对我那自恋的丈夫。我需要掌握和他说话的技巧！"虽然她的确需要这些技巧，但我提醒她："归根结底，问题不在他，而在于你到底是怎么吸引他走进你的生活的，又是怎么纵容自己陷入了这种混乱的死循环。如果你把关注点都放在他身上，最后只会失败。你需要关注自己内心的空虚，因为这才是导致你们现在这个样子的原因所在。"

莎拉当时感觉仿佛被人打了一巴掌。最初的愤怒渐渐消散后，她摇了摇头，醒悟了过来："是的，问题并不在他，对不对？除非弄清楚我这种模式的根源所在，否则我会不断地重复这种模式，不断地吸引另一个自恋狂走进我的生活。"

我的来访者在向我讲述自己的挣扎和遭遇时，几乎每次我都会不可避免地听到来访者对他人的指责。说来也怪，我们竟能从让我们陷入这种处境的人身上获得慰藉。然而，我们越是责怪他人，力量失去得就越多。当我们相信自己很脆弱、相信自己不堪一击时，我们就削弱了自己的力量。没有人能真正击垮我们，除非我们拱手将这一权利让与他人。

和姐妹的竞争，就是给父权体系注入兴奋剂

女性非常需要彼此。我们需要姐妹为我们的成就欢欣鼓舞，对我们的遭遇报以同情。当我们疲惫不堪、没有精力打扫而家中凌乱不堪时，我们渴望来自姐妹的安慰；当我们蓬头垢面地参加家长会，甚至迟到、缺席时，我们渴望来自姐妹的理

解；当我们因为照顾患病的孩子整夜未眠、穿着皱巴巴的裙子出现在派对上时，我们需要来自姐妹的关爱。姐妹就是疗伤的药膏，是安神的精油，是避风的港湾。但遗憾的是，对女性最严厉的批评往往来自同性。

只要我们不为其他女性努力展现真我而喝彩，就是在膜拜父权体系；只要我们为了获得男性的青睐而和其他女性争个头破血流，就是在向男性传达一种信息：他们的关注是我们的命脉。我们不肯心平气和地接纳自然衰老的脸庞和下垂的臀部，而是出尽百宝，留住青春，总是感觉自己不够好。作为一个群体，女性不会因为注射了更多的肉毒杆菌，外表更好看而获得力量。女性的力量来自姐妹们的彼此拥抱和扶持。这才是一切女权运动真正的使命：让女性将自己的群体看成力量的源泉。

每当我们打败另一位女性时，其实是把力量出让给了男性——他们并没有主动要求这种力量，但无疑会从这种出让中间接获益。我认识的大多数男性都告诉过我，他们对女性之间的小肚鸡肠和争风吃醋感到很困惑。和自己的姐妹竞争、内讧，实际上是给父权体系注入了兴奋剂。通过彼此威胁、诟病，女性侵蚀了自己的内在活力。

当女性开始觉醒，对其他女性的看法也会发生改变，不再彼此威胁、彼此竞争，而是变成彼此需要的盟友。不再是彼此最严苛的批评者，而是彼此最大的支持者。女权主义及其他类似运动都呼吁女性自力更生，减少对男性的依赖。这非常重要，没错；但这条自力更生之路并不需要与男性对抗——完全不需要。当这些姐妹团结一致，彼此拥抱和扶持——甚至拥抱男性——时，就真正在脚下铺就了一条通往独立自主的道路。

认可姐妹情谊意味着敢于做真实的自己；意味着哪怕被排斥，也要敢于说出真相。要敢于坦荡心胸，让本真彻底解放。即便生活不完美，也要拥抱它。不必为了看起来完美而假装。要让自己尽可能保持自然，尽可能接受真实的自己，尽可能不去评判他人。通过尊重不同而不是互相效仿来教会彼此什么是接纳自我。当女性团结起来的时候，就能在更大程度上获得内在的力量，而这种力量会产生强大的涟漪效应，创造出真正公平的竞争环境。

女性的力量不针对任何男性。真正的力量从来都不是针对某个人的。如果是的话，那就不能称之为力量；那只会让人软弱。真正的力量让女性超越自我，而虚假的力量让人凌驾于他人之上。当我们获得真正的力量时，不仅会照顾好自己，也会照顾好兄弟和孩子。让我们结束彼此的对抗和竞争，彼此支持、彼此鼓励、彼此提升吧。

第4章

实话不好听，但那就是真相

鹿不会抱怨自己为什么不是美洲虎
雏菊也不会因为挨着玫瑰而自惭形秽
母狮在雄狮面前从来不会退缩
孔雀在老鹰面前也不会藏起它靓丽的羽毛
毫无疑问，每个生命都有自己的价值。

当我闭上眼睛，脑海中依旧能浮现出那一幕：我站在祖母的卧室里，看着她熟练地裹上设计繁复的纱丽，看着她迅速将一头长发绾成一个发髻。

祖母这么做时从不照镜子。有一天我问她为什么不照镜子，她回答说："我现在是个寡妇了，所以我只穿白色的纱丽。我的青春和美貌正在消逝，没有必要再看自己的脸，没必要打扮。那些打扮的日子都结束了。如果我丈夫还在世，那就是另一回事了。"

我还记得听到她这么说时，不知是该对她的心如止水感到赞叹，还是应该表示反对。在内心深处，我知道那是不对的。然而事实就是如此，她很满足于这个信念：这就是她的命。出于对长辈根深蒂固的尊敬，我点头表示同意。可我在心里默默地为她哭泣。

我的祖母相信自己在做的事。她相信放弃自身利益，残花败柳似的活着是正确的做法。她认为自己再没资格享受性的欢愉了。她相信这种克制就是通往天堂的阶梯。这不仅是一份神圣的责任，也是一种精神上的召唤，一种她渴望获得的自我认同的方式。她将自我与奉献联系在一起，怎么都无法分开。

我不禁问自己，她和大多数女性有什么不同吗？我们当中大多数人不都是这样吗——把自身的价值和幸福与我们为他人而活的程度联系在一起，以至于如果没有全身心付出，就会感到内疚，似乎需要为自己辩护？

女性从生理角度讲更适合养育子女，因而会更多地承担家庭生活的责任；尽管这件事很自然，但也是导致现代社会中许多冲突的根源，特别是当一个女性希望自己扮演的角色不限于养育后代时。由于人类不再是生活在丛林中的游牧部落，所以女性看着她们的男性同伴能轻松地躲过家务负担，自然会质疑、内疚和怨恨。女性常常被迫在追求人生目标和做个贤妻良母之间做出选择，这让她承受着两难的困境。两方面都要做好，就要付出高昂的代价，把自己弄得精疲力竭。

压抑本性的教导

如果剖析女性的大脑，检查大脑中根深蒂固的信息，我们不仅会因为彼此信仰的高度相似而大感震惊，还会因为在如何做个好女人这个问题上的细微差别如此之多而意外。

我们吞下的这颗女性身份药丸的主要成分就是“无足轻重的感觉”。这颗药丸会缓慢而笃定地掏空我们的自我意识。最致命的一点就是，人们把这种无足轻重的感觉做了层层的伪装，以致我们经常把它误认为成熟的心态。精明的文化往往如此。它会把无足轻重的感觉伪装成美德。对女性而言，这种文化总是把她们的美德和自我奉献以及让他人幸福的能力联系起来。如果我们不能让他人快乐，那就会觉得自己很失败，毫无用处。

我不需要别人告诉我，作为女性，社会对我的期望是什么。我在五岁的时候就知道了，社会对我的期望是做个好厨娘，保持房屋整洁，尽全力抚养子女。随着年龄的增长，对我的期望也不断增加。要苗条，要美丽，要时尚，要富有同情心，要慷慨大方。皮肤要好，身材要俏，头发要又长又美又有光泽。这些要求更多的是源于西方的、工业化的文化，一个生活在乡村的女性可能会受到不同的教导。

这种压抑本性的教导自出生时就开始了。母亲会把这些文化指令传达给年幼的孩子。孩子是那么天真无邪，盲目地相信长辈。孩子长大后会完全遵守社会对人的要求，任何偏离都会让他们心烦意乱。

当我们还是孩子的时候，父母的眼神是骄傲还是厌恶，我们立刻就能领会，凭借直觉接受他们语言或者非语言的暗示。阅读这些暗示就像在沙漠中阅读地图。这就是孩子的生存指南。孩子越是敏感，得到的暗示就越多，就越会扭曲自己，让自己成为父母期望的模范儿童。当孩子获得了父母的认可和喜爱时，会进一步强化这种暗示，去做更多取悦他们的事。

当父母以这种方式进行管教时，孩子受压抑的感觉暂时被掩盖了，但这些感觉并没有消失。这些感觉会在看到自己的外表、形象、成绩、用餐举止或其他需要关注的方面时不期而然地冒出来。

在我成长的文化中，女孩子们常常被这些信息困扰；因此，我发誓绝不能让我的女儿再在这样的文化中长大。我有意识地不让她对这些事情做出机械性的反应，尽我所能不让她受到这种文化灌输的影响。

每个女性的基本处事原则中都有数不尽的家庭和文化留下来的印迹。只有把真实的我们和他人期望的我们彻底区分开，才能过上诚实、勇敢和真实的生活。

难以接受的真相

当我的来访者梅根发现自己不孕时，她整个人陷入一种深不见底的沮丧。直到诊断结果确认之前，她都不肯相信自己无法完成做母亲的心愿。随之而来的是完全崩溃。就好像有人告诉她，她的生命只有几天了一样。

她来见我时显得很憔悴。我建议她领养或者做试管婴儿，她都不能接受。无法做母亲这个事实让她觉得自己一无是处。她有一种根深蒂固的观念，认为成为母亲唯一合法的途径就是在没有任何人工辅助的情况下生下自己的孩子。我们花了好几个月的时间才让她放下了这个假定的身份，让她发现自身的价值不仅仅是生育的能力。她最终收养了一个女婴，并逐渐把她当成自己的孩子去爱。

梅根的故事之所以让我印象深刻，是因为她的思想代表了相当一部分女性。在我们潜意识深处的某个地方，我们对自己应该成为什么样的人、要扮演什么样的角色，一直有某种愿景。当这个愿景没有实现时，就会经历一种核心身份丧失产生的冲击，会有一种心都死了的感觉，觉得自己什么都不是，生活毫无意义。我们不能成为自己想象中的那个人，那我们是谁呢？

梅根的困惑可能或多或少也在你的心中回响过，那个问题在心头萦绕不去：如果我没有成为我该成为的角色，那我到底是谁？没有了妻子、伴侣、姐妹、母亲、女儿、朋友这些身份，我是谁？

就在前几天，我给一位因为女儿的焦虑问题而忧心忡忡的母亲做咨询，她叫凯特，对我哀叹：“我女儿觉得自己就是个‘废物’。她既不是最优秀的学生，也不是最优秀的运动员；既不是最苗条的人，也不是最受欢迎的人。她经常自暴自弃，觉得自己一文不值。”

凯特并不是唯一一个为女儿自轻自贱而感到悲伤的母亲。很多年轻女孩不知道“作为女性到底意味着什么”。从前，如果一个女孩圣诞节后胖了几公斤，也许只有她奶奶会评价两句，而现在，拜社交媒体所赐，全世界都可以对她指手画脚。结果呢？女孩变得比以前更困惑了。

我有一个十六岁的来访者名叫艾莉森，她坚定地认为，如果她妈妈知道她有男朋友，肯定不赞成。“她把我当成了木偶。她认为我对男孩都一无所知，就不该对男孩产生正常的感情。就因为她在我这个年纪的时候不喜欢男孩子，她觉得我也应该和她一样。这太气人了，只要叫我出去玩的是男孩，她就绝对不同意，因为她认为这样很不合适。”

我问她是如何应对这种情况的，她回答说：“我就在她面前假装，一装到底。我只要出去玩就要编瞎话。现在我的整个生活都是假象。我要去见杰克时，就会告诉妈妈我去丽贝卡家，这意味着丽贝卡也得陪我撒谎。我别无选择。我过的是另一种生活，可我妈妈完全不知道。”

我们就这样因为父母和文化而学会了说谎。这是人类普遍存在的行为。所有人无一不是从小就学会了撒谎的。区别在于，有些人变成了谎言大师，有些人则偶尔说说谎。大多数人在成长过程中都意识到，说真话实在是一种太过危险的做法，会遭到排斥、驱逐、拒绝甚至抛弃。孩子一早就发现，说真话并不像以为的那样高尚。说出真相往往代价惨重。随着年龄的增长，孩子的头脑中被灌输了越来越多的规则，说真话的能力变得越来越弱。

关于说谎这件事的真相就是，它会侵蚀我们的内心，在灵魂层面撕裂我们。它使我们过着双重或三重人生，导致我们不仅在面对说谎对象时，而且在生活中的诸多方面都压抑着真实的自我。每当真实的自我被埋葬，我们就在背叛自己。那个真实的自我越埋越深，我们越来越不信任一切，与内心的脱节也越来越严重。那个真实的自我会发现，我们没有伙伴，没有后盾。然后，灵魂就会陷入巨大的黑暗，这种体验用现代心理学术语来说就是抑郁。在灵魂层面，抑郁其实就是一种深深的自我抛弃的感觉。

在我的女儿玛雅大约十二岁的时候，我和她父亲对她进行了一番“教导”。我们试图向她解释她做错了什么。她听得很认真。我以为她听进去了，认为自己的做法很正确。结果，在我们说完之后，她面无表情地看着我们说：“二位，知道吗？我刚意识到，我不必非要赞同你们俩的意见。事实上，你们的意见无关紧要。”说完她就走出了房间，只剩下我们俩张着大嘴，呆若木鸡。

“到底怎么回事？”我丈夫脱口叫道，他简直气疯了，“我这就把她叫回来，得让她明白，不能这样跟我们说话！”他认为她非常无礼。我本来要依言照办，但还是忍住了。我沉思了一会儿，意识到女儿说的话实际上体现出我们有意识培养的一个目标，其中包含了我们希望每个孩子都该拥有的宝贵的洞察力。唯一的问题是，我们很难听进去一个十二岁孩子的话。真相就是，随着孩子的成长，我们的观点本来就应该越来越与他们无关，我们本来就该认真地去理解他们的思想和心灵。我们应该在他们的意识中逐渐淡化自己作为“中心人物”的地位。当他们开始自己的人生后，他们就成为自己人生之旅的主角，变得强大而坚定。他们没有必要顾及我们的感受。

这是大多数父母难以接受的事实。我们最终没有批评玛雅，因为当我们反思她的话以后，发现她并没有说错什么，只是我们的自尊心不能接受而已。她只是说了实话。

被偷走的选择权

孩子一出生就在传统和各种惯例中生活。如果祖先以某种特定的方式行事，那这种行事方法也会成为对后代的期望。在传统的名义下，孩子被剥夺了发掘自己真实想法和展现自己独特命运的权利。

正是对传统的盲目崇拜，导致了我们最初也是最原始的内在与真实自我的分离。正是这个最初的背叛，引发了之后其他所有形式的背叛。我们相信传统，认为自己一直在犯罪；或者更糟，违背传统也是在犯罪。然而，只有当我们看到这些传统有多么阴险狡诈时，才有勇气脱离它们。传统，实际上就是来自已经逝去的长辈的压力，要求我们顺应他们的行事方式。这些遗留下来的传统仿佛法律一般，让我们觉得，违背它们就是错的。

来自传统家庭的人对那些行事方式的依恋特别强烈，我的这些话无疑会引起他们的反感。如果你也觉得引起了你的强烈不适，试图反对，那我建议你先暂停一会儿。你的不适并不是因为你听到了不真实或不明智的观点。之所以出现这种感觉，是因为你可能正死死地抓住既有的行为习惯不肯放手。你抓得越紧，在读到这些文字时，心里的抵触情绪就越强烈。当你发现自己心存抗拒时，我建议你怀着一颗慈悲之心试着问自己：“为什么我那么害怕放下传统？”

传统虽然能够维护我们悠久的文化遗产，但它也有能力阻断我们的自主意识。当我们成长在一个充满传统的环境中——无论是教育遗产、宗教传统还是文化习俗——就会在心理上认同这些传统。传统越是沉重地压在我们稚嫩的肩头，我们就越会将自己的身份与它们融合，以至于很快就不知道在这些传统之外，我们究竟是谁。

我们都愿意相信自己是有自由意志的，但自由意志就类似于吃一顿自助餐，我们的选择完全受限于餐馆老板以及厨师的技能和偏好。我们会跟着别人的选择走。很长一段时间里，我们甚至不做选择，只是盲目地遵从父母和文化传统。我们选择什么服饰，拥有什么信仰，从事何种职业，甚至连找哪个人结婚都是根据我们的家庭出身来决定。我们的选择权被人偷走了。对这一事实的认知程度是我们觉醒的关键。

我们以为自己可以选择婚姻、事业、宗教，但事实并非如此。这些选择都不是我们自己的。只有当我们明白过去的传统在如何推动我们的生活时，我们才有希望将自己从机械遵从的惯性模式中解放出来。

很久以前我就意识到，许多传统，尤其是印度的许多传统——很美好，并且在个人能完全自由选择的前提下也值得保留——充满了征服欲、奴性和父权。问题不在于传统本身，而在于它们如何像圣杯一样呈现在我们面前。事实上，这些传统与我们的价值观息息相关。如果这些传统提供给我们的只是选择，而不是作为我们个人价值的衡量标准，那自然要另当别论。但事实是，我们的许多传统都迫使我们无法遵从自己内心的渴望，只能遵从它们，这就泯灭了我们的天性。

一个传统已经存在了几十年，抛下它就像一种背叛，甚至是一种死亡；所以很少有人会抛下传统。

从本质上讲，传统消解了我们的创造性、自发性和个性设计。它们本质上是要把我们和过去绑在一起，阻碍我们去认真探究这些过去的行事方式是否适合现在或未来。我们不让自己和孩子选择那些适合我们独特个性的传统。相反，我们认为有义务尊重那些从童年时期就摆在面前的所有传统习惯。我们手握这些被精心设计过的人生脚本，听它们告诉我们过去怎么样，现在“应该怎么样”。我们假定这些传统唤起的责任和义务都是正常的。

我们可以声称热爱某个家庭传统，但仔细观察后可能会发现，我们只是习惯了它，才会盲目地依恋它。我们需要问问自己：维护传统到底是出于义务，还是出于一种真正的、有意识的热爱？

获得解放的女性看穿了被传统束缚的谬论。如果有必要的话，她愿意抛下所有的传统——我说的就是这个意思：所有的传统。然后，如果条件允许的话，她可能会选择保留一些，但必须是在最初质疑过它们，并明确知道没有它们意味着什么之后才这样做。当她来到一个没有路标、充满了无限可能的荒芜之地时，她知道，她终于踏上了通往真实自我的归家之路。

第5章

我们不是活在一段人生里，而是活在一种模式里

穿针引线，我们将设计变成了现实
穿针引线，我们描绘出复杂的图案
穿针引线，我们在挂毯上点缀色彩
这让我们忘记了一切的起点
终于，我们穿上衣服，完全没有留意那些打过的补丁。

作为治疗师，有一句话可以最深刻地反映我的见解："我们不是活在一段人生里，而是活在一种模式里。"

我想带你超越生活中的表面干扰，进入更深的层面，在那里，能清晰地看到驱动生活的惯有模式。这种深入的过程很像是在清除迷住眼睛的蜘蛛网。我们总是渴望两种精神力量：爱和价值，因此大多数人并未留意自己的惯有模式。我们是那么饥渴，甚至陷入到一种幻觉般的麻木状态中。受到关注、被人接纳、赢得认可，这些成了我们痴迷的奖赏，是不惜一切代价

疯狂追逐的对象。

因为我们坚信自己追寻的东西只能从外界找到，这种寻找让我们从一段关系走向另一段关系，有时又让我们从一项成就走向另一项成就。我们觉得自己被世界“操纵”了，认为很多事情并非我们愿意参与，而是它们主动找上门来的。我们觉得自己像是不幸的旁观者，别无选择，只能疲于应对生活抛来的一切。我们可能表现得就像个被动的参与者，像个悠悠球一般在生活中摇摆不定。然而，我们其实是自己人生经历的积极参与者和共同创造者。这样看来，被动也是一种选择——一种伪装成无从选择、实则非常积极的选择。这些消极的反应模式源于我们的习惯，也就是习惯于从父母那里寻求爱和认可。我们总用这样的模式回答以下这些问题：

> 我得到爱了吗？
> 我获得关注了吗？
> 我有价值吗？

我们从外部世界（主要是从父母那里）寻找这些，而不是从自己身上寻找。世界各地的儿童在成长过程中都会寻求长辈的认可和肯定。父母无疑位于这条认可等级链的顶端，其次是家庭中的长辈，再次是老师。当孩子渴望从长辈那里获得爱和认可时，就会很乐意放弃自己，很愿意与他们保持一致。

不管我对来访者说过多少次，我还是得一遍遍地提醒他们，童年对他们现在的生活模式影响有多大。我们的情感仿佛一枚抛出的硬币，需要过很久才会落地。如果你发现我在书中到处重复这一点，那是因为：你以不同的方式听到它的次数越多，你就越能够意识到自己有多么容易重复旧模式，重走老路。

琳达就是个典型的例子。多年来她一直埋头工作，将工作视作生命，然而，她怎么都想不通，为何在听说近期就要升职的消息时，她居然感到很焦虑。当她要和老板会面、详细了解自己的新岗位职责时，她就编造借口说自己生病了。把见面时间推迟到下一周后，她又编造借口说孩子病了。

“我这是怎么了?”她问道，“我一直追求的就是这个，现在终于得到了，我却怕得要命。”失败的恐惧击倒了琳达。我们花了好几次咨询的时间来解构她恐惧的根源。她在一个信仰虔诚、要求严格的家庭中长大，很早就学会了逃避惩罚，事事追求完美。她在方方面面都展现了这一点。她成绩优异、身材健美，嫁给了一位成功的企业家，把孩子也培养得成绩斐然。在崩溃之前，她似乎一直都很成功。

在解构了她的过去并找出这些与现在的联系之后，结论很明显：她认为自己可能无法胜任新的工作。她不自信。就像小时候那样，她害怕因此受到惩罚。她完全沉浸在过去的体验中，完全没有意识到这影响到了她如今的生活。儿时的恐惧完全征服了她，她就像小时候那样，全无招架之力。“小时候，我害怕父亲发怒，经常躲在壁橱里。我会在壁橱里一直躲到天黑，确认他睡着了，才敢爬回自己的床上。”如今琳达再次体验到那段情感创伤。她害怕失败，害怕受到惩罚，所以躲进了自己的“壁橱”里。

我前面提到过，我们是通过耳濡目染父母对我们的做法来学习的，这个过程也相应地塑造了我们的行为方式。琳达学会了用保持完美的形象来逃避惩罚。然而，随着年龄增长，这样的设定让她动弹不得，妨碍了她的进步。当那个虚假的“自我”占据上风时，我们会不惜一切代价地让父母注意到自己。要么变成喜剧演员，要么变成马屁精，要么变成愤怒的反叛者，要么变成顺从的追随者，要么被动地跟随，要么鲁莽地绕行。我们跌跌撞撞、东拉西扯、左冲右撞，都是在拼命地追求爱和认可。这场虚幻的舞蹈就这样开始了。只要能让我们深信自己被人爱，放弃真实的自我又怎么样呢？我们相信，风雨过后就是金光万丈的朗朗晴天。

儿童时期强烈的情感经历会成为我们的模板，让如今的我们无意识地重复这种模式。这就是我常说的遗留自儿童时期的受伤情感。作为孩子，感受内心的痛苦实在太可怕了。不去感受反而容易得多。在这种情况下，自我意识会帮助我们在这些痛苦周围形成一道坚硬的外壳，并引导这股受伤的能量去塑造一个虚假的形象。一旦我们弄清了这些与人和事件相关的基本模式，我们就会发现这些惯有模式无处不在。当我们面临挑战和压力时，这种模式的作用最为明显，我们会本能地调用童年时期的应对策略。

自从我从事治疗师的工作以来，我发现我们不仅活在一种模式里，而且我们自己就活成了这种模式。这种模式和我们融为一体，或者说，那个虚假的“自我”变成了我们自己。我们坚信自己就是那个为了应对童年生活而扮演的角色，不再去体验每一刻的新鲜感，而是重新诠释这一刻，以匹配旧的模式。我们不再随心地体验生活，对生活中每时每刻的经历做出真实的反应。相反，我们总是剑拔弩张，反应激烈，好像一个疯狂的钟摆，外部一有风吹草动，立刻就会跟着摆动。

把对困难处境做出的反应看作对过去的重复，这么做并不容易。我们与自己的惯有模式融合了多年，以至于无法理解这些模式是如何根植到内心深处，变成当前的默认体系的。这一切的感觉是那么真实。一旦发现自己其实是在重复一种情感模式，就能逐渐拆解这些根深蒂固的思维方式。

是做真实的自己还是做个标准的好人？

当我们注意到自己沉溺于从外部寻找爱时，也许会扪心自问，获得爱到底意味着什么。如果重视自己的看法，不顾及他人的意见，这又意味着什么？我们能尊重自己、认可自己吗？当我们开始认真地一探究竟时，可能会震惊地发现，我们竟把自己看得那么轻。我们可能会说：

> 不，我无法自己爱自己，无法认可自己的价值。
>
> 不，我不相信自己的意见，不相信自己的观点。
>
> 不，我觉得自己没那么重要，不配发号施令。

我们可能会发现，自己竟然那么不重视自己，那么不愿遵从内心的声音。我们宁愿从别人那里讨教看法，也不愿在自己身上寻找意义。如果你能深刻地体会到这一点，就会认识到，我们对自己是多么冷酷无情，多么不屑一顾。我们究竟是怎么学会这种自我否定和自我厌恶的？

只要意识到内心的这种脱节如何使我们长期软弱被动，就有可能动摇我们的核心模式。这种认知能够使我们摆脱甘为受害者、事事怨天尤人的状态。我们终会发现，自己可以成为人生舞台上的主宰者，做自己坚实的后盾。他人无论多么重要，也只是我们生命中的过客。我们体内的力量并不源自他们，而是源自我们自己。

为了实现这种改变，我们需要认识到自己的内心到底发生了什么，时时刻刻审视自己，并询问自己以下这些问题：

> 我这么做是出于义务和责任，还是出于认同和真诚？
>
> 我这么做是因为害怕失去对方的爱，还是因为爱自己？
>
> 我这么做是因为不想出现“如果……会怎样”，还是认定“该怎样就怎样”？
>
> 我这么做是因为无法把握未来，还是因为只想把握当下？
>
> 我这么做是为了取悦他人，还是为了取悦自己？
>
> 我这么做是因为过去的惯有模式，还是在诚实地回应当前的心声？

我们这些行为是受本真和独立自我驱使的吗？还是说，大多数行为是受到内心对外部的渴望驱使的？如果是后者，那么很可能所有这些动机都是出于责任、基于恐惧、源自匮乏。当我们发现这些与真实内心脱节的现象时，立刻就会意识到，我们需要寻找一个让真实的内心扎根的地方。可是，该怎么做呢？怎样才能培养出联结真实内心的状态呢？

答案永远都是：平心静气，自我反思。我们越是能掌握静坐自省的方法，就越能感受到真实的内心。渐渐地，我们会依靠自己的陪伴，享受自己提供的友谊。我们与真实的内心建立友谊，并学会重视它的观点、欲望和想法。本质上讲，这么做就是在追求真实的自我。

当我们审视内心时，会发现自己常常出现背叛真实自我的行为。一旦发现这种情况，就要立刻做出调整和改变。这样做会逐渐改善自我克制的惯有模式；当我们压抑内心的声音时，会立刻留意到，继而大声说出自己的感受。一开始，我们甚至难以将自己的声音从众人的喧嚣中分离出来，但慢慢地，我们会不断进步，做得越来越好。这可能需要几个月甚至几年的时间，但最终会达到新的境界，会从关注外部转而关注内在，从逼着自己扛起责任转向率性而为，从内心空虚到内心丰富，从畏首畏尾到自强自立。这些转变会自然萌芽，萌发出内在的爱与价值。不知不觉间，我们就会像以往尊敬他人那样尊敬自己了。

当我们完成了这种从厌恶自己到热爱自己的巨大转变时，就会对自己真正的力量和目标产生全新的理解。终于，在和真我重新连接后，我们会感到自己与周遭的一切生灵紧密相连。这就是自爱和自尊的力量。

那些未能满足的情感

在整本书中，我都会反复提及虚假的“自我”对我们的巨大影响，因为理解它是唤起觉醒的关键。除非能发现那个“自我”的行动轨迹，否则只会永远被它控制，永远无法绽放本心，永远无法成为精神觉醒的成年人。

其实，“自我”是至关重要而且非常必要的同盟——我把它比作蛋壳，是雏鸟在孵化之前和孵化期间的保护层。然而，如果蛋壳永远不破，它最终反而会杀死原本该保护的雏鸟。心灵成长的目标从来都不是泯灭自我，或者否定自我的作用。我们的目标只是去理解它，通过不断理解来摆脱对它的需求。

当我们发现“自我”在起作用时，要记住，它是在掩盖童年的创伤。因此，“自我”的出现其实源自某种缺失。只有深挖出那些未能满足的情感，并弥补这种缺失，才能治愈伤口。只有这样，才能逐渐意识到自己为弥补内心的缺憾和痛苦采取的一切行为，以及这些行为如何令我们越来越背离真我。

真实的自我就在内心深处，隐藏在那个受伤小孩的感受之下。当我们逐渐认清真实的自我，心中的痛苦就会治愈，本真就会变得明朗而清晰。这条治愈之路包括认清“自我”在惯有模式中的表象，包括学会在发现它们时停下脚步。当我们驻足时，我们会提出问题，深入思考。我们要问自己：我们的“自我”在保护什么？我们该怎么做才能抚平童年留下的创伤，不再伪装自己？

只要停下脚步，把聚光灯瞄准“自我”，自然而然就能将关注的力量从它身上挪开。这样，那个“自我”就会开始被削弱。我们会把关注点放在真正需要的地方，从而有机会说出儿时的恐惧；这一次，和儿时不同，我们的声音有人听到。终于，也许是人生第一次，我们和儿时的恐惧握手言和。

回首往事，也许是世上最困难的事。没有人愿意承认，自己的痛苦正是自己一手造成的。这实在太痛苦了，假装不受影响地如常生活要容易得多。勇于审视那个卑鄙的“自我”是觉醒的关键。关于“自我”惯有模式的最大骗局就是，它们每次都以不同的方式示人，蒙蔽了事实，让我们以为自己的经历与别人完全不同。我们被“自我”的诸多表象迷惑，珍视那个表面形象，相信那就是真实的自我；然而，它们只不过是虚假自我的表面模式而已。

这就是为什么第二次婚姻往往比第一次婚姻更失败的原因所在。这些人没有意识到自己的惯有模式。他们的“自我”让他们以为自己爱上了一个完全不同的人——因为对方是金发而不是黑发，或者对方是会计而不是音乐家。因为外在的表现方式不同，我们就相信自己的体验也会不同。我们不知道的是，在这些外在的表现背后，是同样推动我们上一段恋情的情感意识。

在以单身身份开始一段新恋情或者选择再次步入婚姻殿堂后，几个月内，旧的惯有模式就会浮出水面。和第一次婚姻不同，我们对第二次婚姻的忍耐程度会更低。有时候，要经历过几段关系之后，我们才会意识到，自己基本上一直采用同样的情感模式吸引新的伴侣。

瞧瞧这个“自我”有多少张面孔啊！有时候，我们的惯有模式会让我们成为工作拖延症患者、爱欺负下属的老板或者不可靠的员工。这是因为我们之前从未遇到过这种特别的人生境遇，被它的新奇迷惑，本能地做出一些反应，就好像这些都是全新的一样。但随着时间的推移，我们会再次感觉到以前的工作或生活状态。这让我们疲惫不堪、焦躁不安、百无聊赖，甚至会觉得自己丧失了力量。我们不禁要问：“我是怎么再次走到这一步的？这种感觉从何而来？为什么我又绕回了原点？”我们并不认为自己陷入了弗洛伊德所说的“强迫性重复”，但的确是强迫症似的一遍一遍重复着同样的情感体验。

自我认知就是这种“自我”的终结者。它会将那种“自我”一扫而空。认清真相从来都是解决问题的第一步，认清现实从来都是改变的开始。惯有模式终于清楚地呈现在我们面前。我们会这样问自己：

我的“自我”通常以何种面目示人？

它什么时候可能被触发？

它在被触发时会如何表现、如何运转？

这样表现的回报是什么？

这个“自我”想要保护的真实内心是什么？

通过提出这些正确的问题，我们就不会被那个“自我”掌控生活。我们的勇气会深入内心，重新拥有完整的自己，然后驱散那个“自我”的力量，让它退出生活的舞台。这时，出现在舞台中央的是更真实的自我——不再害怕被人看穿、不再害怕暴露弱点的真实自我。那些需要用虚假“自我”的面具做挡箭牌的日子会变成过去，全新的明天将在地平线上徐徐升起。

第6章

把亲密关系的结束变为重生

昨日的女孩死去，蜕变成女人

那一刻，旧日的伤口突然停止流血

那一刻，紧箍的锁链突然熔化

那一刻，她不再苦苦寻求救赎

她终于迎来了，心灵复兴的曙光。

在这一章里，我将分享我个人经历的几个片段。尽管这些人生经历中不乏我自己的特殊细节，但请你从自己的人生视角来阅读我的故事。也许，这些文字像一面镜子，能让你看到自己面临的考验和磨难。当你将我的体验推演到自己的生活中时，这些感受会对你产生巨大的影响。

当你阅读我的经历和体验时，请这样问问自己：这些体验如何能够应用到我自己的奋斗中？我在什么时候也有过类似的感受，该如何利用她的转变历程来激励我做出自己的生活选择？你剖析得越深入，这本书为你提供的帮助就越多。这一内省的过程需要平心静气和深思熟虑。我相信你已经准备好了。

我清醒的那一刻，既感到痛苦又有所顿悟。我明白无误地知道，自己的婚姻不能再这样下去了。有些事必须做出改变——要么是我，要么是我丈夫，要么是所有这一切。

我的前夫和我一起生活了二十二年，他是我唯一的伴侣，我从未想象过没有他的生活。我们从小一起长大，后来分开，再后来命运的天平发生倾斜，我们结了婚，全情投入到这段关系中。这二十二年里，我的眼里只有他和我们的婚姻，从未想过其他。

无数的前因后果日积月累，终于导致那一天的到来。当我醒来时，我无比清醒地意识到，这段婚姻需要画上句号了。究竟是什么因、什么果呢？怎么说呢……和所有人一样，第一个原因始于童年带给我的条件反射。这些诱因在我的内心深处建立起了惯性心理架构，让我背叛起自己的本心来毫不费力。这种心理架构创造了一种应对亲密关系的惯有模式，在这种模式中，我任由内心的真实力量被碾成粉末，却不肯站出来维护它。这种麻木不仁常常让我感到羞愧，反过来又加重了压抑和沉默。

在那段婚姻中，我的前夫又加上了他自己童年的前因后果。我们二人一起创造出属于我们的独特的婚姻形态。我们的童年创伤都没有治愈，这些创伤让我在这段关系中扮演了情感的养育者和照顾者，并试图成为修复者、拯救者和治疗者。结果，我的角色不断被重新定义，我的需求不断被忽视；力量的源泉渐渐枯竭，造成了我内心的空虚匮乏。

很多时候，为了维护家庭和睦，我咬紧牙关默不作声；为了保持家庭完整，我不惜牺牲自己的尊严。当我想拒绝时，我没有开口；相反，我会点头默许。当我想坚持意愿时，我没有开口；相反，我说服自己，不该有非分之想。我特别怕把事情搞砸，生怕被人当成麻烦，总是尽一切可能让事情进展顺利。我总是暗暗对自己说："要是我再温良一些就好了，那样婚姻就会更幸福了！要是我再苗条一些就好了，那样性生活就会更和谐了。要是我再多赚些钱就好了，那样我们就会过得更好了。"我经常责备自己，责备自己"不够好"。我是那么害怕他不认同，害怕他不接纳我的爱，以至于我总是竭尽全力让自己成就他的每一个幻想。为了让他幸福，我是那么低三下四、逆来顺受，以至于我和自己的本真完全断了联系。

每当我察觉到丈夫的不快时，我都把这归咎于自己：一定是因为我做得不够好。很快，"沙法丽不够好"构成了我们这段婚姻以及我内心创伤的故事脚本。结果就是，我不断努力去变得更好，去做"完美的沙法丽"，去做"更棒的沙法丽"，去做"性感的沙法丽"。不管付出什么代价，我都要去做。二十二年后，一切戛然而止。我已经好几年没有注意到，我的"油箱"已空，真是连桶底的油渣都被刮得一点不剩。我真的再也倒不出一滴了。我已尽了最大的努力。

每段亲密关系的形成都有各自的前因后果。每个人都该深入剖析自己的形态。最强大的力量在于掌握自己内在的因果，而不是事事怪罪他人。当事情没有按照希望的方式发展时，我们往往会尽力去控制或改变他人。这通常是我们的第一道防线。我自己就这样做了很多年。我一直在苦苦等候我的前夫停止自己的惯有模式，在多次试图让他做出改变未果后，我终于醒悟，意识到唯一需要改变的人其实是我自己。

成长要靠自己，而不是“他人”。我们需要关注的是自己的情感调适，而不是别人的；比如，我如何应对他人的行为？我如何支持他们的行为？我如何执行自己的选择？我是如何一遍一遍地重复着相同的模式的？

任何情况下，我们都只有三种选择——接受事物本来的样子；改变事物（要么改变自己，要么改变别人）；转身离开。该选择哪一个？多年来，我们常常在这三者之间徘徊，心神不宁，矛盾重重。当我们发现，改变生活的力量最终落在我们自己身上时，有时会感到愤愤不平。我们嫉恨对方迫使我们做出艰难的选择。这就是心灵不够成熟的表现。没有人能强迫我们做出选择。是我们自己的因果造成了这样的挣扎，怪不得别人。一旦认识到这一点，我们就摆脱了受害者情结，突破了过往的局限。

当我开始慢慢地、一步一步地觉醒时，我意识到，不必等着我的前夫结束他的惯有模式，而是该结束我自己的惯有模式。需要改变做法的是我。如果我认为自己给予的太多，那么与其苦苦乞求他停止索取，不如改变自己，停止给予。真相简单得令人震惊。当然，这就意味着要设定边界，而这是我最不擅长的。几十年来我从来都是说“是”，现在我却需要开始说“不”了。我的婚姻受到了巨大的冲击。

随着不断成长，我开始在自己的心理架构中构建新的因果，一来二去，旧的“沙法丽”渐渐淡出，开始了新的自我迭代。我说出了不一样的句子，设定了全新的边界。就连我吃的食物都变了，穿衣方式更是发生了巨大的变化。连同我抱肩的方式，眼神交流的方式，甚至连说话时翘起下巴的方式，统统变了。内在的自我开始进化时，外在的自我也在发生着微妙而深刻的变化。大家都说，我看上去换了个“新形象”。是的，这就是女性觉醒的模样。

很自然地，我们这段婚姻的结构被撼动了。阵阵回响把婚姻系统震出了几条大裂缝，将我们引向一条摇摇欲坠的道路，通向广袤的未知世界。我原本以为坚不可摧的堡垒要塞开始倒塌。很快，到处都是碎石瓦砾。参与修复的成员能否在这座旧城废墟上重建一座新城，显然有待观察。

一旦改变惯有的模式，势必会对当前的亲密关系造成巨大冲击，习惯于旧系统的人自然会开始抗议——他们当然会这样。对方希望一切能回到过去，所以会强烈抵制我们做出的改变。剧烈的冲突不可避免。此时，双方都面临抉择：该如何解决这场冲突。要么，改变的一方不再继续——事情通常会这样；要么，抗拒的一方不再抗拒，接受对方的改变和成长。

在我的故事里，这两件事都没有发生。我们俩都没有做出足够大的改变，大到影响对方。结果呢？我们之间筑起了一座情感的大坝——一种无法解决的困境。我猜，在某种程度上，我们俩都心知肚明，这一切都是枉然。我们在感情上已经形同陌路。虽然这是一场悲剧，但我们都意识到，分离在所难免。

向觉醒的自我每迈出一步，都会自然而然地掀起深刻的内心冲突。有怀疑，有犹豫，有矛盾，有畏惧，有时甚至是彻头彻尾的恐惧。推动我不断进化的唯一原因就是：我别无选择。要么走回原来的老路，继续否认真实的自我；要么允许新的真我茁壮成长，继续打造一条觉醒的道路。

当我开始觉醒时，我生活的方方面面都经历了巨变——不仅是我的婚姻，还有我与所有人的关系。以前的我安静温顺、低眉垂眼，现在的我勇于反抗和挑战；以前的我忍辱负重、甘愿奉献，现在的我敢于把自己放在第一位；以前的我低三下四、任人摆布，现在的我划定了权力的边界，绝不让步。知道我最常阻止自己做的两件事是什么吗？一是反复解释，二是乞求他人的认可。

很长时间以来，我总是习惯性地反复解释，就为了让别人认为我“很好”。我终于成长到了这一步：即使别人认为我“很糟”也无所谓，即使被误解，甚至被严重误解，也无所谓。我终于成长到了这一步：我唯一需要的人就是我自己。这是我内心成长的重要时刻。某个人不喜欢我，我完全可以接受。在此之前，这简直无法想象。然而，几十年后，我终于接受了。这的确用了很多年，但我终于成长到了这一步。啊！这是多么甜蜜的胜利啊！真正的我终于归来了。

来自内心深处的回响已经开始改变我周围的世界。我的觉醒影响到了生活的方方面面，也包括我的工作。很快，我开始对我的职业生涯做出不同的决定，并承担起了前所未有的风险。蝴蝶已经开始扇动翅膀，准备振翅高飞。她再也不能被深锁在笼中了。终于，她无拘无束地飞向了广阔的天空。

女性一旦觉醒，首先就会开始尊重自己。这种自我尊重驱使我们为生活创造新的标准，其中有些标准通常是不容置疑的。创立标准这件事听起来令人却步，但它在进化的道路上至关重要。我们会看到生活的本来面目，而不是小时候幻想出来的模样。我们会唤醒心中那个不自知的小女孩，呼唤她重新燃起力量。如果递给我们的菜单中包含不尊重这道菜，我们会立刻起身离开。如果聚会的气氛充满虚伪，我们会立刻转身离开。每当昔日那个苦情卫道士身份现身时，我们会温柔而坚定地将其扫地出门。面对强烈的情感不再害怕，而是庆祝。没有了内心万千批判的声音，生活突然变得清晰而简单。想说话就说话，想哭就哭。无须向任何人请求许可，也无须责备任何人。

毫无疑问，我花了几十年的时间才走到这一步，而且从多个渠道获得了帮助。之所以这么说，是因为我不想给你留下这样一种印象：觉醒的过程似乎像数1、2、3这么简单。对一个母亲而言，这个过程无疑更具挑战。为人母的负担有时候沉重得令人难以承受。母亲在这方面的感受可能比父亲强烈得多。女性往往会更坚定地肩负起养育家庭的责任，因此，当她们觉得自己似乎在某种程度上抛弃了自己的孩子时，会感到痛彻心扉。

我是那么害怕改变自己的婚姻状态，因为我知道这会给女儿带来精神上的痛苦。有时候，我真想停下飞行的努力，因为我生怕折断她娇弱的翅膀。毫无疑问，她的幸福比我的更重要。为了让她过得舒适，我随时准备停止自己的觉醒之路。我内心的冲突十分激烈，有时感到备受煎熬。

一个母亲该如何在孩子的幸福和自己的解放之间做出选择？这几乎是无法选择的事。她能继续前进的唯一方式就是确信自己选择的道路对所有人都是最有利的。只有当她完全确信，保持现状虽然暂时舒适，但长久看来会更有害时，她才敢向前迈进一步。

我的情况就是如此。我清楚地看到了自己的“凋零枯萎”，如果保持现状，我甚至当不了一个合格的母亲。我清楚地看到，保持现状是在危害精神健康；如果起身离开能够让心理恢复稳定，对我的孩子而言也大有好处。我知道，走出这段婚姻后，我会是一个更好的母亲和榜样。

这样的抉择对每个人来说都不容易。这些年来苦苦探索自我意识和灵魂，我终于照亮了自己的觉醒之路。一场真正的复兴正在酝酿之中，它终会让我的方方面面开始进化。

可是，假如前方的抉择并不像当初那样明确怎么办？许多女性深陷不幸的亲密关系，优柔寡断、犹豫不决多年，结果依旧维持现状。不管是蹲在窗台上还是纵身跳下去，两个选择同样危险，也同样得不到救赎。留下还是离开？这个问题在她们心头会徘徊几十年。我总是告诉这样的女性，她们做出最后选择的时刻还没有到来。因为每个选择都充满了恐惧，她们还拿不出解决困境的勇气。我总是这样安慰她们：“现在还不是时候。能接受这一点非常关键。当我们认可这一点了，我们就会认可自己所处的感情位置，并尊重这种感情的波动。”

这时，我们要做的就是“安坐”在当前的关系里。这种

“安坐”需要情感的力量。“安坐”并不是认输或者被动的行为，而是一种智慧——前提是我们在这个过程中要积极观察。事实上，我称其为“安坐”，就好像这是一个非常合理的心理策略，因为对我而言的确如此。安坐其中并不懈奋斗，这么做好处很多。我们会以温和的态度观看这场战斗，并根据需要权衡利弊。我们不会推动一种观点去战胜另一种观点。两种观点都可以讲述自己的体验，分享自己的看法。如果动作太快，不等想法成熟就做出仓促的决定，只会带来更糟的后果。不要诋毁自己，也不要急于下结论。这是“整理思路”过程中的重要部分。如果我们因为不愿面对模棱两可的念头而选择跳过这个过程，其实是跳过了成长的关键环节。

做事懂得挑选时机，这是一种智慧。而心灵层面的时机则更有讲究。具体而言就是，只有听到了明确的召唤，才能前进。这通常发生在内在意识和外部世界彼此契合的时刻，发生在内心感受和外部现实完全一致的时刻。我们要等的就是这种内外一致的结盟。当选择的方向不甚清晰时，我们需要记住这句话：“我还没有准备好。”要允许这种不明确的感受与自己相伴，要信任这种感受，接纳这种感受。等时机成熟时，正确的道路就会出现。

当女性想做出大胆的选择时，常常会担心伴侣的反应。他们会暴跳如雷还是会心存怜悯？如果是前者，通常要直面恐怖的场景，这会令女性担忧自身的安全。男性天生更强壮，更具攻击性，可能会让女性的人身安全受到威胁。给自己一些空间，让自己感受这些恐惧，这是为自己创造新路径的关键。要想打破惯有的模式，首先要尊重自身的恐惧，这样才能找出冲破藩篱的方法。当我们任由对方压迫时，恐惧自然就会浮现。只有认清自己是如何把力量拱手让给他人的，才能重新拥有力量，并开拓出全新的人生。

当女性在亲密关系中处于人身安全堪忧的状态时，就没有充裕的时间“安坐”了——这是个悲哀却十分现实的问题。一旦遭遇身体的虐待，我会强烈要求我的来访者尽快离开。在这件事上，没有其他选择。只要出现一次暴力事件，这个选择就已经是必需的了。通常到这一步时，对女性而言已经太迟了。这些女性总是习惯将身处险境这件事归咎于自己。她们认为自己一无是处，深陷在这种思路的泥潭中，尊严尽失，鼓不起勇气摆脱虐待。通常情况下，舍不得孩子是无法摆脱恐惧的重要原因。这样的女性尤其需要认清恐惧和恐怖的区别。恐惧可能是面对任何危机时的自然反应，而恐怖则是决定退出的关键信号。当恐惧变成恐怖时，哪怕只发生一两次，女性也要大胆采取行动，哪怕这意味着不得不采取变通的退出策略。

不能让子女再犯我们犯过的错误，重走我们的老路。他们需要知道，永远都不能为恶意的行为找借口，无论这个人平时有多“友好”。最重要的是，他们需要知道，自己在任何情况下都不必在他人的恐怖控制中苟活。当我们高唱“绝不容忍任何形式的压迫”，并以此鼓励我们的子女时，就是为他们拧亮了离开的绿灯，让他们勇于离开任何受虐待的处境。不需要问任何问题，也不需要找任何借口。就像不该醉酒驾车一样，他们也不该沉迷于任何一段包含虐待的亲密关系。我们的任务就是帮助他们认识到做选择的力量以及执行选择的权利。而这一切都要从我们自己开始做起。

作为天生的养育者，女性往往不愿做出可能会扰乱他人生活的选择。我们太关心他人的幸福，这成了我们的负担，也影响我们做出关爱自己的决定。除了担心自己的选择会对女儿产生影响外，我还担心双方的家庭对此会有什么反应。我害怕会给双方年迈的父母带来痛苦。我一直把他的家人视为自己的家人，到现在依然如此。他们还会爱我吗？他们会生我的气吗？因为我的选择，很有可能从此与他们失去联系。

然后是我的街坊四邻。他们会怎么想呢？他们会不会认为我是个“头脑不清醒的家长”呢？毕竟，我还写过一本关于这个话题的书呢，就叫作《家庭的觉醒》。结束这段婚姻的决定会让我的支持者离开我吗？让我颇感慰藉的是，我从来没有用传统术语描述过什么是头脑清醒的家长，什么是觉醒的家庭。如果说其中有什么区别的话，那就是我一直强调真实才是关键特征。我把这些告诉你，希望你知道我同样饱受挣扎，我也像你们当中的许多人一样，一度成为畏惧不前和自我怀疑的牺牲品。

我不想让女性读者担心，一旦觉醒后，她们的婚姻就注定要结束。绝对不是这样。并非所有的婚姻都需要像我这样，仅仅因为一方的觉醒，婚姻的原本形态就会因改变而解体。很多时候，双方都能一起适应和进化，一起成长，对婚姻产生新的认知。当这种情况发生时，的确非常美好。许多伴侣都会对彼此的成长感到开心，并试图改变自己来和对方保持同步。有的人能成功做到这些，有的人做不到。并不需要去评判那些做不到的人。对那些能做到的伴侣而言，心灵的进化成了一件家庭事务。在我的治疗实践中出现过很多类似的情况，这对所有人而言都是一个非常有启发性的过程。

我已经在前面谈过恐惧的作用，这里的重点是重现自己的恐惧。我想说的是，恐惧是我寻找本真之旅的伴侣。恐惧是完全自然的、正常的。勇敢生活的意义并不在于消除恐惧本身，而是与之结交，并且将它转变。勇气就是在超越这些恐惧中诞生的。

当我们活在对某人某事的恐惧中时，的确需要迅速消除这种恐惧。尽管如此，我们需要明白，内心的恐惧是人类本能中十分自然和平常的部分。我们当中有很多人都害怕恐惧，这正是恐惧占上风的原因。在我的觉醒之旅中，我不得不重新与内心的恐惧斡旋。这么做了之后，如今的我完全变了，完全知道当恐惧出现时该如何正确克服。我知道，每当恐惧出现时，我需要真切感受到这种恐惧。我需要向它靠拢，而不是逃避或封闭它。这种特别的恐惧想告诉我什么呢？需要采取何种方式应对，才能让它不那么吓人呢？

慢慢地，我开始与恐惧建立了一种新关系。每当恐惧出现时，我都会敞开怀抱，任由它勒紧我的胸膛。恐惧也是美的，因为它源自天然。当然，每次它都会以一种我不熟悉的新方式出现。它是在警告我，自我觉醒没有清晰的路线图，没有明确的道路。当我开始倾听恐惧的呐喊，并柔声安慰它时，恐惧也会开始减弱。

想知道是什么帮我做到这一点的吗？是真实的自我。对真实的自我训练越多，那个她就越充满力量。很快，她就稳住了我混乱的内心情绪。

觉醒的道路并不是清晰明确的。我做出的决定可能对我有用，但对其他人来说可能就是灾难。关键是要记住，不要过多关注具体采取了什么看得见的策略，而是要关注看不见的战略。在这个层面上，我们能找到普遍的共鸣。我的恐惧是什么？我是如何识别并努力克服它们的？我如何与自己的内心世界协商？这些才是对不同特征的女性真正有帮助的关键点。我选择的外部策略可能只适合我自己所处的独特环境，女性朋友不要止步于此，而是要学习我内心转变的过程。

我觉醒的过程对我而言实在可怕，但我还是想将这些分享出来，这样就能给其他孤独的女性送去慰藉，告诉她们，并不是只有她一个人感到恐惧。去改变一个人的生活——这件事本就前途未卜，令人畏惧。在这种情况下，寻求帮助和建议就非常有必要。

很幸运在这个过程中我有最好的朋友陪伴，让我获得了宝贵的支持，给我力量助我前进。我们携手共进，从已知走向未知。每当我忘记了内心的力量，好友会不断提醒我。每当我怀疑自己，陷入自责—羞耻的恶性循环时，好友会举起镜子照出真实的我，推动我抛开那个阴魂不散的虚假“自我”。每当我因为恐惧而畏缩、想放弃时，是好友扶起我，搀着我一起爬上岸。我的泪水有人拭去，我的恐惧有人安抚。黎明的阳光照亮了我情感的大门。我要做的就是打开锁，走进去。这些都是来自挚友的礼物。

在觉醒的过程中，拥有一个彼此关爱的群体，哪怕只有一个可信赖的知己，都会大有帮助。独自一人很难觉醒。为了得到支持，我们首先要勇于去寻求帮助。我们需要让别人知道，我们需要他们，愿意敞开心扉去依靠他们。这意味着我们要扯下自己完美的外衣，放下女超人的设定，谦卑地表达需要。

对于寻求帮助这件事，我们当中有很多人都十分纠结；因为不想让自己变成别人的负担，因为更信赖自己的能力。然而，寻求帮助意味着我们要对彼此的关联和团结持开放态度，这么做实际上是在呼唤其他女性也加入进来，从而建立起围绕彼此的力量之网。在我的觉醒之旅中，最亲密的朋友就是我的盟友和力量来源。她们在我的周围创造出一个看不见的安全网和信任圈。没有这些，我不可能那样目标清晰地前进。

觉醒是一头野兽。有人说“无知是福”，把头埋在沙子里，听从他人指挥，这么做要容易得多。当我们沉默时，意味着不需要处理冲突造成的混乱，也不需要采取行动去改变生活。一切都按部就班，舒舒服服，十分安全。

对许多人而言，这就是他们生存的支柱；但对一些女性而言，这种无知是缠绕在她们脖颈上的套索，会造成她们难以忍受的痛苦。这本书就是为这些女性而写的。

对于女性而言，如果选择走这条少有人走的坎坷道路，四十多岁这段时间往往会成为她们的蜕变期——这是很有道理的。我们按照一张尽职清单——读书、结婚、做母亲——循规蹈矩活到现在，浑然忘我。然而，当我们看着自己的孩子长成青少年时，有些事情悄悄发生了变化。看着他们突然有了自主意识，变得大胆、目中无人甚至敢于对抗，会唤醒我们内心的某些东西。我们大受震撼，继而意识到了自己的被动和温顺。我们看着自己的孩子不计后果、勇于冒险、无所畏惧，突然意识到他们不再需要我们了。这让我们开始认真思考：我现在变成了什么呢?

在我身上就发生了这样的事。我的女儿十三岁了，长成了一个独立坚强的少女。她不再像以前那样需要母亲了，在她眼里，我从“妈妈”变成了“老妈”。每个母亲都知道，一旦走到这一步，就意味着她再也不可能肆无忌惮地掌握孩子的生活了。孩子终于明白，妈妈并没有那么了不起、那么聪明、那么有趣。世界比“妈妈”大得多，需要自己去探索。妈妈如今只是“老妈”罢了，只有肚子饿、钱不够花或者要坐车的时候才需要她。

女儿十三岁那年，我的生活也发生了翻天覆地的变化。她开始叛逆，我也一样。她展开了翅膀，我也一样。离巢的时间到了。就像一个过了预产期的孕妇，精神的子宫颈扩张了，我的世界再也不复从前。

离婚原则——没有冲突，没有报复，没有威胁

我们可以为自己书写新的篇章，包括以何种面貌示人、如何结婚、要不要结婚、如何为人父母、该做出什么选择。这些一开始很可怕，因为我们身处未知的水域，但很快我们就会在

这个过程中找到自由。一旦意识到文化再也不能定义自己，我们就能开始夺回自己的力量，从他人那里寻求认可对我们而言就不再那么重要了。如今的我们将自己置身于一个全新的现实中，一个基于自我认可的现实中。

如果说有什么是由恐惧主宰的习俗，那就是人们对离婚的看法。我们的文化把离婚过程描写得极其恐怖，以此作为一种控制并逼迫人们继续厮守的方式。整套体系的建立就是为了培养家暴和恐惧。与婚姻有关的法律体系和离婚律师都蓄势待发，力图将这种恐惧感持续下去。离婚律师接受训练是为了赢得官司，而不是为了驯服自我或者关爱心灵。离婚的整个过程都弥漫着战火的硝烟。

当我开始办理离婚时，我知道自己面临着一项艰巨的任务，那就是消除自己对律师和法律系统的恐惧。正如文化创造了属于这种文化的婚姻一样，它也创造了属于这种文化的离婚。因为是一种文化的产物，我可以选择如何与之互动，要么屈服于这种文化，要么自己铺路。我把解构自己对这套体系的恐惧视为对我心灵的挑战。我深知能不能进化取决于我转化这种恐惧的能力。

除非能摆脱离婚带来的耻辱，否则我不仅会辜负自己，也会辜负我的女儿，更会辜负我这一举动可能波及的所有人。心灵的成长让我看清了离婚文化带给我们的幻觉，让我得以无视那些标签，超然地对待这些文化暗示。我发掘了自我的意义，并重新定义了离婚对我的意义。我拒绝接受文化的看法。我只看到文化的运作方式，那就是恐惧和控制。我拒绝在它的掌控下继续苟活。

直到我开始重新定义离婚的概念时，一切才真正开始发生变化。我的离婚并不是与外界断绝一切关系，而是与我自己的过去一刀两断，与不真实的自我、虚假的自我、那个所谓的“自我”一刀两断。我其实是与恐惧和控制离了婚。当我开始将离婚视为人生旅途上的一种个人宣言时，一切都变得井然有序。我获得了力量，而不是被剥夺了力量。我与真实的内心结盟，走进了一大片源自内心的同情之地，全无责备和怨恨。我一点都不生气。实际上，我对自己学到的一切都满怀敬意。我并不认为这是终结，而只是做完了一件事。这是代表不同能量的事情。

当我开始解构所有关于离婚的谎言时，我问自己，这个过程真的需要讨论吗？我真的能为它构建一种新的范式吗？我需要的是恐惧和不足，还是充裕和力量？是需要把它描绘成“你”或“我”的不同体验，还是说，可以描绘成一种统一的体验？

我知道，如何在脑海中构思这一过程，将极大地影响我的心灵和整个生命的状态。我首先需要进入正确的认知领域。唯一能改变的就是我自己。我不断提醒自己，要关注最大的善与美好，也包括我的丈夫——不管他的情绪能量如何。我要关注的不是他的行为，而是我的行为。唯一重要的是我该怎么做。我凭直觉知道，我的做法和态度会影响女儿，并影响到她的后代，还有后代的后代。作为一个重获力量的觉醒女性，我的行为将是我自主意识萌芽的标志。那些仅仅因为文化而出现的条条框框和法律法规，不必非要去遵从。我要摆脱一切压力，不再以违背本心的方式处理离婚过程。我承诺要尽我所能活在一个充满爱的地方，并时刻关注家人的幸福。我知道，如果我屈从于那个“自我”的贪婪、小气或争强好胜的欲望，我就会与那个展现全新自我的愿景脱节。无论如何，我需要为自己做成这件事，为那个全新的自我做成这件事，不再做一个任由恐惧和虚假的“自我”主宰的女性。我走的每一步，做的每一个决定，都需要与我更高的愿景保持一致。

如果我忠于自己的本心行事，那并不是出于软弱——恰恰相反。这是在向我的婚姻宣告，一个真实的自我已经诞生，我要扎根真实，远离那个虚假的“自我”。离婚并不仅仅是离开我的丈夫，而是要离开这段婚姻，奔向真实的自我。我每向前走一步，与其说是远离他，不如说是迈向本真。当我在心中标注了这片高地，这种最高的认知就一步步地渗透进了我的身体，让我能从一切浮于表面的谬论泥潭中脱身。

在聘请律师的时候，我告诉对方，我的离婚事宜由我自己全权负责，他只负责向我提供法律建议。我不打算被那些传统的离婚条款束住手脚，我要以对女儿的情感健康有利为指导原则。如果他建议我做出让我丈夫受损的决定，我会认为是不合理的建议，因为这将伤害到我的女儿。如果我赢了，但我前夫输了，那最终我的女儿也会输，这一点我无法接受。我不会被法律条款束缚，我会自己定义这些概念。我明确表示，他为我工作，即使事情与他的建议相悖，也照我说的办。“没有冲突，没有报复，没有威胁。”这是我坚持的原则。如果他违背我的意愿，我就不再聘用他。

离婚一年后，我的律师如今能理解我的观点了。我之所以详细解释这些，是想向女性朋友们保证，她们的确能掌控自己的选择，不必受法律体系的束缚。她们可以在经济条件允许的情况下，尽可能地过自己想要的生活。真正的斗争不是法律层面的斗争，而是离婚背后的文化制度与我们的本心之间的斗争。

还记得在给律师签下第一张支票时，我的手抖得无法控制。我的心在为即将失去的美好而哭泣。我清楚地记得自己和前夫在一起的细节，还有我们经历过的美好时光，而不是糟糕的时光。那些假期、晚餐、女儿的出生……我怎么能不哭泣呢？在支票上签字的时候，过去二十五年的无数瞬间涌上心头，情绪的洪流奔腾起伏，无法控制。我任由自己去感受这种痛楚。这种感受再自然不过。如果我不能接受这些情感的冲刷，我也就无力应对自己的真实情感。

未知的未来，也让我感到极度恐惧。然而，当恐惧在深夜里出现时，我仍然坚持寻求内在的自我。我知道这些恐惧来自虚假的“自我”，来自文化灌输给我的东西。我知道，我必须前往头脑的另一处地方，远离那个虚假“自我”营造的匮乏之地。每当我自省之后，面前的答案都清清楚楚。我绝对需要做这件事。是时候让我绽放本心，在婚姻之外找到真正的自己了。我需要克服这些恐惧，我做到了。我就是这样，一步一个脚印地勇敢向前。

离婚制度往往提倡夫妻共同财产对半分。这让双方坐下来谈判，并且经常发生冲突。一方想得到钢琴，另一方就要拿走本是传家宝的艺术品；要做出这些决定可能要拖很长时间。如果一方拿走更昂贵的珠宝，另一方就肯定想要获得等价的补偿。这样来来回回，夫妻双方就陷入了为斗争而斗争的模式。

虽然这种斗争在某些情况下可能会有帮助，但并不总是最明智的方法。如果我们在财产如何分配、陪伴孩子的时间选择等每个细节的切分上都斤斤计较，最终就会陷入混乱和幼稚的争吵。只要一直停留在这种模式里，我们就总是摆脱不掉有形的资产——比如金钱和家具，无法追求更大格局的无形的资产——比如联系、和睦和平静。这并不是谁赢谁输的问题，而是让每个人获得最大胜利的问题。当我们关注所有人的最大利益时，我们会允许自己“失去”某些东西，而不会将其视为一种失败。

在很多层面上，任何亲密关系的结束都是创伤。想要指责他人，想要为物品和金钱而斗争，这都是很自然的。这些冲突给了我们一种大权在握的幻觉，而这正好是我们目前极度缺乏的东西。我们的内心失去了力量，继而转向外部，希望从外部世界赢回来。我们的行为就好像那些瓶瓶罐罐真的特别重要似的。这其实是我们争夺内在控制和掌控感的方式。如果离婚律师能够认识到这一点，帮助而不是利用他们的当事人，离婚的过程将会大不相同。

在离婚的过程中，内心的空虚和无助让我们戴上了“斗士”的面具。我们不再关注心灵，而是寸步不让地谈判，内心的无力将我们一点点变成了贪婪地追求权力的暴君，一个在外部世界称王称霸的怪物。这就是为什么很多人喜欢聘请那些有“鲨鱼”[①] 之称的离婚律师。但离婚根本不必如此。如果我们能调整好内心的感受，而不是把它们投射到伴侣身上，我们就能坚守自己的情感路线，让这个过程在不必以放弃自我为代价的胜利中顺利进行。

事实上，真正的权力之争最终不是外在的，而是内在的。正因为制度是为冲突而建立的，它才趁我们困惑、内心混乱时蓬勃发展。如果律师们能够在心灵层面上更开明些，他们就会明白，这种外在的争夺其实是一种对内在权力和掌控力的争夺。如果他们真心想鼓励客户，就该温柔地告诉客户，谁得到茶具、谁得到珠宝其实都无所谓。等这一切过去后，得到哪个都不会让你感觉更好。这些都是虚假的胜利。真正的胜利在于你能否重新获得内在的价值和力量。请务必关注这一点。律师们不会这样做，因为他们的生计靠的就是我们的贪婪和操纵欲。我们在这些冲突中陷得越深，他们就赚得越多。所以，要做到这些，只能靠自己。这才是我们要从婚姻制度中夺回的力量。

当然，并非所有的离婚律师都是一心算计自己的收益。有些离婚律师的认识更深刻，会引导他们的客户走向一条更开明的道路。重点是，无论是律师、牧师、教授、医生、教师还是其他任何“专业人士”，都不该让他们支配我们的情感。我们

---

① 鲨鱼的嗅觉是非常灵敏的，可以在海水里嗅出哪怕是百万分之一的血腥味。厉害的律师就像鲨鱼一样，嗅到血腥味之后，很快就能出现在受伤者面前，将其当作猎物。——编者注

可以自己选择如何驾驭这条情感之船。我们经常被所谓的“专业人士”“专家”甚至“大师”迷惑，以至于失去方向，丢失了自己的主心骨。同样，这也是我们的文化和家庭绑架我们自身力量的一种延伸表现。我们是那么习惯失去自己的声音，只要有个所谓的“权威”出现，我们就很乐意放弃自己的权利。

在我看来，要想改变对离婚的看法，就得重新定义胜利二字，弄清楚胜利意味着什么。胜利到底是什么样子的？当我最终明确了胜利的定义后，我选择与它保持一致，这样一来，我就能做出正确的选择了。对我而言，胜利意味着女儿尽可能地少遭受痛苦。这需要让她在我们离婚的过程中感受到爱、认可和安全。一旦弄清楚这一点，我就要立刻确保自己的每一小步都朝这个愿景靠近。这意味着我不会在文书工作上踌躇不前，不会为各种小细节争吵不休。

我知道，并非每个人都能做出这样的选择。但对许多人来说，这可能恰恰是他们应该做的事情。就像我之前说的那样，某个选择的外在表现对不同的人而言可能是完全不同的。对一些人而言，在法庭上坚持不懈的斗争可能是他们选择的道路；而对另一些人而言，我的做法可能是他们希望选择的道路。

说到底，重要的不是我们做了什么、拥有了什么，重要的是内心的感受和决断。我不断提醒自己认清这个事实，我不断问自己，对这件事感觉如何？我的选择是否符合真实的自我？我是出于恐惧还是自我完善才做了这个选择？

改写过去和现在的力量就在自己身上。我们越是自爱自重，赞美自己的本心，就越能用富足和快乐改写我们的生活。当我们收回原先承让给他人的力量时，就可以重新理解哪些对我们重要、哪些不重要，从而调整我们的生活。

我们是自己人生的编剧和讲述者，也是自己人生的导演和演员。生活中固然有诸多未知需要我们去抗争，但改变场景和故事情节的力量就在我们自己身上。我们必须永远记住，体验世界的力量就源于自己。

离开旧模式，离开它带来的一切

对许多人而言，抛下旧日里恐惧畏缩、仰人鼻息和低三下四的状态，在“觉醒”的最后时刻依然会感到非常恐怖，甚至惶恐不安。虽然活在旧的状态中是一种折磨，但摆脱这种状态的念头却令人惊慌失措，因为无论当前的生活多么凶险，至少我们熟悉；尽管不由我们控制，至少是确定的、可预测的。在这样的生活里，我们可能已经拥有了亲密关系，甚至结了婚，有了孩子。我们可能迷失过无数次，只是在再次陷入昏迷之前清醒了几分钟，发现了真实的内心。我们本可以在这里徜徉，留下自己的笑与泪。这可能就是我们唯一熟悉的家园。放弃这种生活，除了要面临不可估量的挑战，还要面对深不可测的未来，以及由此带来的创伤和新的恐惧。

尽管过去的这些依恋和沉迷给我们带来了痛苦，但它们仍然是亲切的。我们花了几十年的时间确立了这些模式。它们代表了我们对自己的信念。当旧的自我被掏空，渐渐枯萎死去，这种死亡需要悲伤和哀悼。为了“心灵的提升”而绕过这种痛苦，就是再一次不尊重我们正在经历的痛苦真相。

当我们如行尸走肉一般懵懵懂懂做出的计划开始在眼前崩溃时，那些一度可以预见的未来如今变成了一条漫长、孤独的隧道。我们开始意识到，我们是那么渴望过去的一切，渴望那种熟悉的、可预知的感觉。所有的面纱都被揭开，面具被撕成了碎片。我们可能会茫然好几天，想不通自己怎么会在精神上又聋又哑又盲地过了一个又一个十年。我们怎么能允许这种状态存在至今呢？

我们都害怕面对未知的事物。真理来敲门，我们却因为太害怕而不敢去开门。我们当中许多人只是充耳不闻，等着真理终于敲不动门，精疲力竭地离去。我们的整个生活变成了一潭污水，我们靠刷手机、吃各种药物和纵情娱乐度日。但这些似乎也比打开真理的大门要好。文化的高压让女性害怕追求真理，更不用说永远与真理同行了。

当改变步步逼近，当你要破茧而出时，你不可避免地会留恋过去，会悲从中来。怎么可能避免呢？身体的一部分死去，旧的皮肤脱落，自然而然会陷入对往日的哀悼中。刚开始说真话时，你可能会感觉很好，一想到再回去自欺欺人，甚至会感到恶心。一旦尝过天堂的滋味，怎么能回到从前呢？唯一的出路就是继续前进。这种内心的认同有助于缓解心头的恐惧，甚至在前方的道路暧昧不明时，也能成为照亮脚下的光芒。

离开旧的模式，就意味着离开它带来的一切。许多穿过这条隧道的人以为自己还能带着旧日的痕迹前行，但他们很快就意识到这是不可能的。必须“成熟起来”，做出艰难的选择。不能再像孩子一样幻想着拥有一切。是时候走向另一条路了。

启动重生进程后，我们会哀悼旧日的生活带给我们的那种熟悉和安慰。我们可能会发现仍对过去的自己依依不舍，尽管过去的生活让我们那么痛苦。这些旧日的生活，有些依然很亲切。以我为例，我曾经执着于做一个永远不会离婚的“好印度女孩”和一个永远不会拆散家庭的“好母亲”。对这些想法的执着让我极为痛苦。每当我满怀愧疚、内心痛苦无比时，我都恨不得一切回到原样，爬回去继续做原来的自己。迈步前行，我真是用了全部的勇气。

为我指路的那盏明灯就是：什么才是真正的我？在内心深处，我知道，只要满怀慈悲之心和清醒的意识，追随内心真实的声音，一切都会好起来的。当热血洒下，掩埋了残躯之后，灵魂就会复活。如果这句话对我而言是真的，那么对所有人而言就都是真的。

我用了漫长的两年时间进行大量的自省和冥想练习，终于克服了那个虚假的“自我”发出的声音，完全接受和放手了我和前夫的关系，完全放下旧的生活，迎接新的生活。

这个过程让我明白，女性要想适应某种模式、在方方面面做出正确的选择，要承受多大的压力。母亲们承受着不惜一切代价都要维持婚姻、维系家庭的压力。但并不只有母亲们有压力。那些不想步入婚姻、不想生孩子的女性该怎么办？这样的女性会承受什么样的压力呢？她们需要如何调整自己的情绪，才能摆脱嘲讽的压力呢？当世上有一种公认的“好”，而这种

“好”又是根据狭隘的标准定义的，那么在这些边界之外的生活就是一种危险的挣扎。最好是安分守己、墨守成规。

在我自己的觉醒之旅中，每当内心的声音带着愧疚或羞愧责备我，说我“必须”、“应该”或“不能”怎样时，我就会细细检查，问题来自哪里。我会问自己，要是沙法丽无所畏惧的话，此刻她会怎么做？我现在有什么感觉？很快，我就不用这么问了。那个真实的自我再也不会被埋没。很快，真我和本我融为一体，我开始能够率真地生活了。

当我释放了内心的认知后，我把它视为一座灯塔。它成了我心灵的北极星。内心的声音越来越清晰，而它被倾听得越多，我的心里就越敞亮，从而绽放出更多的喜悦。当我的女儿看到我越来越绽放出真实的自我后，她也从对过去的依恋中走了出来，接受了新环境给予她的一切。新生活的黎明终于到来。

当你读到这些话时，可能会扪心自问：“我活得真实吗？”这个问题虽然在很多方面令人生畏，但事实上，提出这个问题本身就是一个转折点。当这个问题成为你开启内心对话的一部分时，你的生活就开始调转航向。仿佛花朵本能地迎向光明，你也开始将自己的生活对准追求真实的方向。首先是提出问题，然后，通向答案的路径才会在脚下徐徐展开。这时的你已经在迈步迎接新的日出了。

Part 2

给自己和他人都带来痛苦的十一种人格

第 7 章

给予者的表象：受害者、殉道者、救世主和圣母

总觉得镜子里的身影不够好看
总感到面具下的裂缝太过触目
我们努力声东击西，分散他人的视线
然而，裂缝却越来越明显
终于，镜子和镜子里的身影再难维系，同时裂开。

让我们踩下油门，继续前行吧。在本书的第一部分，我们探讨了恐惧支配我们的方式，现在，我们来看看自己是如何屈服于这些恐惧的。

为了远离恐惧，我们会戴上虚假的“自我”面具。这些面具帮助我们适应并熬过童年。随着年龄的增长，这些面具成了我们的第二层皮肤。就这样过了几十年，我们已经很难分辨什么是面具，什么是真实的面孔了。只有当我们意识到自己戴着面具，并摘下面具后，才能改变自己的惯有模式。

在探索真我之前，那个虚假的“自我”并不会自行消除。我们的内心千疮百孔，渴望完整，这就需要用真我去填补这些空白。但是，这项任务并不是要扼杀原来那个“自我”，而是要去修补内心深处未能让真我获得成长的空间。

“自我”的千张面孔虽然可以互换，但每一张面孔都有自己的特性，我们可以慢慢学习，以便在生活中识别它们的模样。某种“自我”的表象会体现在某个特定的关系类型中，而不同的情景会引发不同的表象。当我描述这些表象的特性时，我其实是在试图理解我们的心理活动是如何调动和操纵这些外部表象的。

人人都可以对自己或他人的行为抱有某种看法，但只有理解这些行为的根源，我们才能开始与自己或他人建立真正的连接。只有真正的理解才能引发深刻的同理心。

接下来的几章旨在让读者在各种主题和故事中找到自己的影子。你也许会发现自己的情况简直和她们中的某些人一模一样。这很正常。当你有这种感觉时，不妨将关注的重点转向自己的内心，扪心自问：“我是如何戴着这些面具过日子，并因此获得认可的？我那种一无是处的感觉是如何产生的？”当你开始反思时，你不仅会更好地了解自己，也会更好地了解生活中的其他人。

当“好”女孩陷入绝望时，“给予者”这个表象就是她们的“自我”最常采用的防御手段。当好女孩害怕遭到拒绝、害怕被人抛弃时，她会立刻呈现出这个表象。她为真实的内心戴上这副面具，为了他人的舒适而牺牲自己。

这种表象往往出现在内心敏感、富有同理心的女性身上。她们天生愿意奉献，常常为了成就他人而委屈自己。一旦感到威胁，她们自然而然地会采取这种默认方式，还会不自觉地放大这种天性。当感到恐惧时，这种天性膨胀的速度简直像是注射了类固醇一样。

“给予者”要给予他人，这意味着她们非常依赖他人的认可；甚至可以说，她们的整个自我意识都依赖“给予者”这个身份——没有它，她们甚至觉得自己好像不存在一样。

以下是一些“给予者”喜欢佩戴的面具。只要你发现其中有和你相同的地方，就意味着你在生活中也表现出这种特征，你就可以在以后内心出现冲突时试着挣脱它们的束缚。

受害者情结：自导自演的苦情戏

五十三岁的玛丽莲来找我时，正在经历人生的“瘫痪期”。她想辞去那份毫无前途的工作，却又不知道该如何继续。她深知自己应该争取权利，或者更好的职位，或者寻找新的发展。

我为玛丽莲提供了许多推动改变的策略，包括要求加薪时如何更有自信等，甚至为她和老板见面时该怎么说话进行了排练。我们制定了时间表，撰写了行动方案，还设置了最后期限。

经过四个月的持续治疗，她依旧没有改变。她摆出很多理由解释为什么她无法做出改变。不管我们想出什么解决方案，她总能找到办法把它破坏掉。作为她的治疗师，我记得当时倍感挫败。我的方法有什么问题吗？当她再来治疗的时候，我开始为自己感到难过。突然，我灵光一现，意识到自己和她产生了同样的感受——为自己感到难过！玛丽莲扮演的一直是典型的受害者角色。

我开始为她“复盘”，看看她惯有的模式是什么。我告诉她，无论摆脱困境的道路有多清晰，她总能找到借口。她会告诉自己：“我就是运气不好。我做什么事都不顺。我觉得我根本做不到。”她还会这么说：“我试着去找另一份工作，但是每次和人力资源部的人谈话，他们总是表情冷漠，似乎对我的履历不感兴趣。”

玛丽莲的身体语言让她看上去比实际年龄老了十岁，她总是一副心烦意乱、怨声载道的样子。不是抱怨工作，就是抱怨丈夫不支持她、抱怨母亲的要求太多。每个人、每件事都有错，只有她是最无辜的。

一发现她这张“自我”的面具，我立刻就告诉了她。她的反应与其说是抗拒，不如说是暴怒。“你以为这些都是我瞎编的吗？你和那些人都一样。我丈夫压根就不肯帮我，现在你也一样！我就知道，早晚你也会和他们一个样！”我没有发火，因为我知道，这是她的“自我”在试图激怒我。我依旧保持着耐心和同情心，向她一一列举她的每一种防御机制。

玛丽莲的情绪闸门终于打开了。“我讨厌我的工作，讨厌我的婚姻。我心里苦得很，真不知道是怎么走到这一步的。我一直在苦苦维持，可是一切都在分崩离析。”她终于说出心里话了。她心中的绝望终于盖过了“自我”的防御机制。

我温柔地告诉她，这一切都是她的“自我”造成的。戴着这样的面具，她就可以一直扮演受害者的角色。我问她：

你是否觉得自己无论在生活中还是在工作中都是个“可怜人”？

你是否觉得大家都在利用你？

你是否为自己感到难过，希望事情不是这样？

你是否觉得自己是对的，别人是错的？

你是否感觉受到他人的侮辱和轻视？

你是否希望从他人那里获得某些东西，却总是无果？

你是否觉得自己总成为他人泄愤的无辜对象？

你是否经常向他人诉苦，期待得到同情？当期望落空时倍感失落？

你是否觉得如果没有眼前这个人，你就不会是现在这个样子？

当她对我的每个问题都做了肯定的回答时，我告诉她，这正是把自己看成受害者的典型思维模式。这种模式从童年起就存在了，就是为了让自己看上去很无辜。

我们开始探究玛丽莲形成这种惯性模式的可能原因。结果，还没怎么深入探究，她就大喊出来：“是我妈妈！她就是个永远的受害者。她总是受委屈的那一个。我从小就对她的痛苦深感自责。”她在母亲那里耳濡目染，把抱怨全世界和哭诉“我真不幸”当作一种应对生活的惯有模式。她其实是在无意识地重复这一点，所以才怨天尤人。

像玛丽莲这样的女性有千千万万个。这种“受害者”情结让她们陷入了一种处处低人一等的境地，总是等着别人做出改变，等着别人来拯救，仿佛只有这样才能获得自由。讽刺的是，一切都不够好。她们那么不习惯快乐，以至于快乐明明就摆在眼前，她们也会抗拒。同时，她们对绝望处境的预期又那么根深蒂固，以至于会自动做出最坏的假设，亲自践行自己的预言：好事从来都轮不到自己。

这种“受害者”情结非常微妙，而且很难打破。它提供了一个完美的避难所，让她们远离不被认可和得不到爱的恐惧。受害者固守这种心态，这样就无须对自己的生活负责。她们害怕改变，因为不愿意面对哪怕是一点不顺利的可能。

在继续讨论之前，我必须先澄清，世上的确有真正的“受害者”。譬如，某个人可能是强奸、暴力或种族主义的受害者。不过，这些都不在本书讨论的范围内。我说的是一种受害者意识。在这种意识中，我们陷入了一种思维陷阱，把自己锁定在“低人一等”的位置上。一旦有了这种定位，无论现实情况如何，我们总会怀有一种被人欺压或受人摆布的感觉。其实，受害者意识更多的是一种心态，而非这个人在情感或真实的暴力行为中所处的位置。

从她老板这件事开始，玛丽莲终于看清自己如何在利用所有人表演她的苦情戏。当她摘下“眼罩”，发现老板和她一样，也是个凡人。她摆脱了受人摆布的心态，立刻提出了加薪和申请新工作的要求。

当我们“扮演”受害者时，我们的每一句话听起来都头头是道，却让我们感到越发无助。这样的想法有很多，“我真不敢相信这种事会发生在我身上。我牺牲了那么多、放弃了那么多之后，竟然还会受到这种待遇。”受害者总是那个“可怜人”。她总是被人利用的那一个。

为了摆脱受害者情结，我们需要掌握自己的命运，为自己的利益而战。要把受难的感觉和无助的感觉转化为积极的行动。受害者每设立一个新的目标、明确一个新的方向，就向改变迈进了一小步。

当受害者终于醒悟，并没有人置她于不利的地位，这一切不过是她潜意识的选择时，她起初可能会有一种幻灭感。认识到自己的“可怜”恰恰是自己一手造成的，这个过程其实是和现实的一次清醒邂逅，会令她一时间困惑不已。她可能会觉得，整个世界都在崩塌。

当你意识到你一直可以自己选择以何种面目示人时，你就从一个默默忍受的受害者变成了一个解放真我的积极倡导者。你会开始选择积极主动而不是逆来顺受，你会慢慢远离那些整天自我压抑的人。如果你能够勇敢地熬过这个激烈的转变期，你的受害者情结将变成求胜者意识，束缚你人生的无形枷锁会彻底解开。

殉道者情结：只为弥补童年未曾受到的关注

当我要描述殉道者情结时，首先想到了萨莎。萨莎是一位积极进取的公司律师，同时也是一个母亲、一个尽心照顾病重父亲的女儿、一个忙碌的公司老总的妻子以及一个坚定的环保主义者——每个月至少做二十五小时的义工。她总是四处奔波。她同意寻求治疗的唯一原因是：她的女儿安娜在上中学的第一年患上了焦虑症。

起初，都是保姆送安娜来我这里治疗的，萨莎只是偶尔来接送。我费了很大力气才说服萨莎一起过来参加了几次治疗。治疗中，她为自己的缺席深表歉意。

我很欣赏萨莎，并且立刻喜欢上了她。她既能干又有成就，但她就是不知道如何说“不”——典型的殉道者。当我告诉她这一点时，她笑了起来——真是个心思敏捷的人。她说：“我早听说你又强硬又直率，只是不知道有多强硬、多直率。你真是一语中的，把我的整张面具都撕碎啦。”

我们俩开怀大笑——那是两个坦然承认自己神经过敏的女性彼此了然的大笑。我向她细细解释，她是如何把自己生命中的每一刻都用来服务自身之外的东西，并为此牺牲了自己的幸福，甚至孩子们的幸福的。

为了帮助她厘清这个角色在她生活的各个层面发挥的作用，我问了她这些问题：

你是不是觉得自己和特蕾莎修女或其他牺牲奉献的圣人形象有些类似之处？

你是不是经常到处“救火”，最后全盘接管所有的工作？

你是不是一直默默忍受着辛苦的工作？

你是否觉得肩头的担子太过沉重？

你是否因为自己辛苦付出却被人视为理所当然而感到愤愤不平？

对于所有的问题，她的回答都是“是的，就是这样”。

“我从来不抱怨，”她回答说，“但话说回来，我又觉得如果不抱怨，就没人在乎我。没人问过我过得怎么样，感觉怎么样。他们总是想当然地认为我挺好。是的，我的确挺好，而且我也很乐意帮助他人。但我也感到很累，觉得被人利用，通常我只是叹息、呻吟，无声抗议。”

萨莎发现我说中了她更深层次的惯有模式后，就开始定期来我这里治疗。我们一起揭开了她殉道者情结的源头。她和姐姐一起长大。她的姐姐患有慢性病，她从小就目睹父母对姐姐的关心，对姐姐寸步不离的精心照顾。萨莎经常为自己身体健康而深感内疚。她回忆说：“如果我像正常孩子那样抱怨，他们会数落我，说我不懂得感恩。为此我总觉得很内疚。在成长过程中，我总是很沮丧，因为我不是生病的那个。我真的很羡慕我的姐姐。”

她由衷认为自己天生不够好。弥补这种“不足”的唯一方法就是多行好事，把自己塑造成女英雄。所以她必须尽力为每个人做每件事——包括保护地球和野生动物。她决心全力弥补自己不是那个“生病的孩子”的事实。

在一次治疗中，萨莎崩溃了。“我小时候从未受到过关注。我简直像不存在一样。除非我能帮到父母，他们才会注意我。”这些话刚一出口，萨莎就陷入了沉默。过了好久，她终于低声说：“实际上，我怨恨生活中的每个人。我已经竭尽全力，他们却只知道不断索取。我怨恨他们，就像我怨恨我姐姐一样。天啊，我真的颠覆了自己的整个童年，对不对?”

当我们意识到自己的感受，意识到那个“自我”如何创造了一个虚假的身份时，内心的空洞就会热切渴望真我的填补，我们就会慢慢变得完整。

现在，是时候让萨莎哀悼童年的创伤了。这样，她就可以开始接纳这种创伤，而不是逃避。整个治疗过程中她都在哭泣。那个能干的律师不见了，坐在我对面的是一个浑身颤抖、全无防备的小女孩。揭下了那个“自我”的面具，她变得纯粹而真实。真正的萨莎终于回家了，那个童年被遗忘在人行道上的小女孩终于回家了。

一旦看清受到忽视的孩子真正需要什么，我们就可以去满足这些需要。萨莎意识到，与其通过服务他人来满足内心的渴望，还不如改为服务自己。现在，她必须踏上修复自我的快乐之路。她的父母把全部精力都给了她的姐姐，她又把全部精力都给了别人；现在，她要把这些注意力放在自己身上。当她把自己放在第一位时，她开始慢慢地摆脱了那些为满足他人而强加给自己的不必要的责任和义务。她开始摆脱急于为每个人救场的本能，慢慢滋养自己。她终于达到了一种舒适的状态，不再为别人的不适感到寝食难安。这真是一种解脱。

有殉道者情结的人会经常伴随浑身酸痛、神经紧张等症状。她们完全顾不上照顾自己，这其实是在不断加重神经系统的负担。解除殉道者情结的灵丹妙药是重塑自尊。她们需要调整定位，获取关注、同情和服务。她们给予他人的一切，也要给予自己。这话听起来自私又自恋，但这的确是有殉道者情结的人需要做的事。

有殉道者情结的人刚开始将聚光灯转向自己时，肯定觉得自己很自私。一开始，她甚至不知道怎么做。对她而言，重塑自尊的第一步是将自己的生活从一切不相干的事务中清理出来。这就要学会艰难地放手。当她卸下他人期望的重担时，她就会逐渐开始自由地呼吸。很快，她就会发现自己的价值，不再急切地寻求他人的认可了。

她的“放手”包括卸下那些曾经承担的额外角色，比如在非营利组织、家校联谊会和医院慈善机构中的职务。成为殉道者的需求渐渐消失，取而代之的将是一个不怕犯错、甘于平凡的女人，最重要的，是一个真实的女人。

救世主情结：你付出并不是因为别人真的需要

在我认识的治疗师中，我觉得没有一个不饱受这副“自我”面具的折磨。我可以确信，大多数从事帮助他人的职业的人都有这类情结。

我刚刚二十出头的时候，有一种想帮助他人的强烈愿望。虽然动机很好，能促使我多做好事，但我却走向了极端。我不仅帮助人，还想救人。不仅要救，还要治愈。开车经过某个公共汽车站时，我总忍不住想停下来让别人搭我的车，而很少考虑自己要干的事情。要是有人经济窘迫，我总想掏钱，帮他们救急。

最后，我不得不问自己，这些人有没有开口寻求过帮助呢？答案是否定的。我那么过分地、不惜越界去帮助他人，从来不是因为他人提出了要求。那似乎是从心底冒出来的念头。这不禁让我疑惑，这种想拯救他人的需要从何而来呢？

很快我就找到了答案，这其实是一些更深层问题的表象。我这种"救世主"情结有它黑暗的一面。是的，我帮助他人是出于爱和善意，但这件事还有另一层极端的性质——这么做也满足了我内心的渴望。我对他人的痛苦充满同情和怜悯，我想减轻他们的痛苦。另一方面，他们的眼泪让我感到不适，我其实是不想让自己因为他们的痛苦而感到不适，我其实是想拯救自己。

我渴望的东西有很多：

> 我的给予让我觉得自己很重要、很有用、很有价值；
>
> 我的给予让我不必为看到别人的痛苦而痛苦；
>
> 我的给予让我避开面对未知事物的不适；
>
> 我的给予让我觉得自己高人一等，觉得自己有能力、有力量，能掌控一切；
>
> 我的给予能吸引受挫的人围着我转，让我不断给予，再吸引更多的人，重复这个循环；
>
> 我的给予能让别人依靠我、指望我，让我觉得自己拥

有了某种力量；

我的给予让我无须学习就有所获得；

我的给予意味着我可以分散注意力，不必关心自己。

我们这些所谓“救世主”只顾关注他人，却忽略了真实的自我早已迷失的事实。它能让我们维持一个仁慈善良的外在形象，甚至有些高人一等，这其实是我们消除自卑感的方式。

我还记得自己二十多岁时在一次早间会议上发生的事。我向上司解释我迟到了整整一个小时是因为我在帮助客户修理她坏掉的车子。这位客户并不是第一次出现这种紧急情况——对方从来都是个事事依赖他人的人。她的车早就有问题，她也早就知道应该解决。

当我告诉上司，最后我开车把客户送回了家时，他惊得差点从椅子上摔下来。他看着我，表情古怪，既有不可思议，还带着一丝怜悯。我就是从那时起，发现了自己的做法大错特错。我本以为自己这么做是同情心泛滥，他却向我解释了我身上的救世主情结如何在作祟。我完全呆住了，因为我从未听说过这种事。他有理有据地为我分析，我是如何和客户不分彼此，如何全面接纳本属于对方的麻烦，把它当成了自己的麻烦。我和客户之间完全没有界限。上司温和地告诉我，我这么做其实是在教对方如何依赖我、指望我，我是在削弱她的能力而不是赋予她力量。

这就是我救世主情结的开端。我本以为我可以克服了。万万没想到的是，我花费了几十年的时间才克服它，而且这背后其实还有更大的问题。在追求真我的旅途中，我渐渐意识到自己的救世主情结有多么严重，我有多么需要摆脱它。作为一个以帮助他人为职业的人，做到这一点实在很困难；对大多数女性而言也是如此，对那些要照顾子女或他人的女性而言更是如此。我们爱心爆棚的其中一个原因是我们天生关心他人，愿意给予他人。可是，给这些关爱设限的能力并不是天生的。如果我们不去设限，“自我”的防御机制就会快速膨胀，导致我们把自己想象成上帝，想象成神仙。

许多治疗师都有这样的错觉，许多宗教领袖也有这样的错觉。他们给自己贴上各种各样的标签，比如印度教里的“古鲁”，基督教里的“牧师”，他们都是天神在凡间的代理人。当我发现自己身上的救世主情结，以及隐藏在背后的自恋时，我真是大吃一惊。我是从哪里冒出来的这些妄想，以为自己可以对他人产生巨大的影响呢？我为何如此高估自己的本事呢？

弄明白我的行为其实是削弱了客户解决问题的能力，阻碍了客户的成长，其实是害了他们之后，我就放下这种救世主情结了。我其实是剥夺了他人经历挣扎、收获成长的体验，剥夺了他人寻求解决方法的能力。认清这一点后，我就知道，我必须立即打消救世主的念头。

我有一位来访者叫阿什莉，四十七岁。她一心想保护她的孩子们免受冲突和痛苦。她第一次来我这里，是因为她的两个孩子总是不听话，总在家里捣乱。他们不仅很少帮忙做家务，还常常未经允许就刷她的信用卡。阿什莉无计可施，只得向我求助。“我拼死拼活为他们做一切，真是弄不明白他们为什么这样对我。”

我问她：“你为什么要这么大包大揽？你想达到什么目的呢？”

“我就是舍不得他们，”她回答说，“孩子们很小的时候，他们的父亲就丢下了我们。从那以后，一想到孩子们成长的环境里缺少父亲的身影，我就心怀歉疚。一想到他抛下孩子们，让他们受到了那么大的创伤，我就想方设法要弥补。可是，我做什么都没用。”

我很同情阿什莉。就像其他女性那样，她天生充满爱心。我告诉她，她付出那么多，并不是因为孩子们真的需要这些。她过度给予的欲望源自她内心深处的某种东西，源自她经历过的一种难以忍受的负罪感。她对前夫给孩子们带来的痛苦感到懊悔和自责，这让她无法释怀。作为补偿，她试图把孩子们从痛苦中解救出来，却没有意识到，她想拯救的其实是自己。

多年来，孩子们想要什么她就给什么，却没有给他们设置任何必要的边界。现在，他们变得无法无天了。我向她解释为什么她这么做反而会害了孩子。她这么做会让孩子相信，在这个世界上，他们的愿望总会得到满足，总会有人来拯救他们。因此，孩子们其实把她当成了愿望实现者兼私人管家。对她而言重要的事在他们眼里却不值一提。

当我向阿什莉展示她这套惯有的生活模式时，她大为震惊，她竟然就这样被心中的内疚蒙蔽了双眼，把内疚转化为一切行动的驱动力。意识到这一点后，她感到更内疚了！她一直以救世主的形象示人，结果却发现她其实是个以自我为中心的人，这让她惊愕不已。

由于文化的纵容和鼓励，很多“自我”的表象很难被察觉，对女性而言尤其如此。我们反而因为这些表象得到了慰藉和认可。只有当我们做好自我毁灭的准备时，我们才有机会从这层表象的魔爪下爬出来。我们之所以甘愿在这层表象下行事，说到底是因为我们害怕展现真我。世世代代的经验教会我们，戴着这副“自我”的面具生活最容易获得认可，所以我们才甘愿受它奴役。

消除救世主情结就是要学会忍受苦难。大多数有救世主情结的人之所以如此，其实是为了避免忍受痛苦。想到某人正身处痛苦，特别是这种痛苦还是她本人引起的，这念头太过沉重，她本能地想不惜一切代价地消除它。她觉得，如果能帮助他们摆脱痛苦，那他们就不会体验到这种痛苦了。有救世主情结的人总是因为自己奋不顾身的举动而感到自己很能干。解救他人的行为既让她获得了关注，也让她找到了人生的方向。摆脱这种惯有模式的唯一方法就是彻底认识到，外面并没有什么人需要拯救。即便是为了孩子，为了所爱的人，也不能这样做，否则只会给自己种下一颗难以下咽的苦果。她唯一能做的，就是为自己而活。

当有救世主情结的人意识到，他人经受的痛苦其实是必要的，甚至至关重要的，这些痛苦能帮助他们唤醒真我时，她就能应对自己的痛苦，找出避免给自己带来不适的方式。她需要全面排毒，抵制住为他人排忧解难的诱惑。

现在，阿什莉不再试图帮助他人，而是开始帮助自己。她扪心自问："我怎样才能治愈内心的苦痛？"在这个过程中，她开始慢慢为自己疗伤。她随心所欲地痛哭——在此之前她从未这样做过。然后，她逐渐变得能容忍自己的痛苦，并开始一点点成长了。她理解了这其中的力量，理解了这种关注内在的行为对其他人的生活产生的同样影响，彻底看清了这种救世主情结是如何阻碍了他人发现本真、解决自身的痛苦的。终于，她张开双臂，坦然迎接痛苦，再也不忙着解救他人于水火之中了。

圣母情结：害怕冲突和被抛弃

我小时候在印度孟买的一所天主教女子学校上学。虽然我的家庭并不信教，但父母还是决定送我去那里，因为那是我们社区最好的学校。在英国殖民时期，天主教在印度的一种传播途径就是通过教育系统。许多父母希望孩子全面西化，不让他们去传统的印度学校而选择这些天主教学校。

每到期中考试或期末考试前的晨祷时间，我注意到所有信天主教的女孩都会站起来，格外虔诚地向上帝祈祷。她们紧锁眉头，身子微微前后摇晃，握紧双手专注地祈祷。她们似乎是不顾一切地向上帝苦苦哀求，希望上帝能在接下来的考试中解救她们。这一切都被年轻的我看在眼里。听说，她们要是考砸了，回家后常常会挨父母的鞭子，这让我心生同情。

我做了一个计划。我要把我从上帝那里得到的祝福分给她们。我家里不信教，我不崇拜任何神灵——希望这一点不会对我不利。我站起来，和她们一起向她们的上帝祈祷，也向我能想到的所有神灵祈祷，祈祷神灵给这些女孩一个好成绩。为此，我愿意和她们交换，把低分数给我，把高分数给她们。我的父母并没有给我压力逼我好好学习。我希望诸神能够理解并照顾我的这些朋友。我就这样从一年级一直祈祷到了三年级。

我之所以把这段记忆说出来，是想告诉大家，我的圣母情结从很小的时候就开始了。七岁的时候，我就帮忙照顾我们楼里一位生病的老人。我帮助老人的妻子换床单，帮他收拾衣服。我每天都去看望他，一直到他恢复健康。我是我们那个社区里唯一一个会早早离开游乐场、去老人那里陪他玩他最钟爱的纸牌游戏的孩子。无须有人告诉我该怎么做。我这么做完全是天性使然。我母亲也有典型的圣母情结。我从小耳濡目染，一点点将自己的圣母心提升到极致。我很早就学会了真切地关心他人。难怪我会成为一名心理医生。我的共情能力总让我的来访者感受到被支持、认可和理解，这也是走向真我过程的一部分。然而，这种共情也让我模糊了自己和他人之间的边界，他们的痛苦成了我的痛苦，他们的故事也成了我的故事。

虽然乐善好施、知冷知热、关心他人都是很好的品质，就像所有的表象一样，但这些品质也可能会发展到某个极端，让我们忽视了本真。渐渐地，我开始意识到自己如何深陷这种角色而无法自拔，因为别人很快就纷纷希望我能帮到他们，帮他们解决各种麻烦。当我表示无能为力的时候，他们就很不满意，好像我侵犯了他们与生俱来的让我随叫随到的权利。我对这种角色的依恋也让我感到十分内疚。我的使命就是帮助他人，帮助他们克服困难，哪怕牺牲自己也在所不惜。当我意识到自己在扮演圣母这种“角色”后，我才开始逐步从这个角色中解脱出来。

我列出了让我的圣母心泛滥的典型特征：

> 具有深切感受对方痛苦的能力；
>
> 具有同情他人境遇的能力；
>
> 怀有减轻他人痛苦的愿望；
>
> 总有不惜一切代价帮助别人的意愿；
>
> 无法保持清晰一致的边界；
>
> 无法开口向他人寻求帮助，也无法以开放的心态接受他人的帮助；
>
> 无法毫无愧疚地说出自己的需求；
>
> 当得不到对方的欣赏和认同时，会感到很受伤；
>
> 很难拒绝，不肯直面冲突；
>
> 无法容忍冲突和紧张的局面；
>
> 渴望他人的需要和依赖；
>
> 总是忍不住要变得超级慷慨，超级乐于助人。

列出了这些惯有模式，我就能以某种客观的眼光来观察它们了。经过一番观察，我渐渐发现了自己与人交往的惯用方式。

有圣母情结的人通常都有一种热切的渴望——渴望被世人看成“好”人。她们的奉献精神往往会演变成强烈的自我牺牲情怀。如果她的给予中包括接受，那就算不上给予。还有一种隐藏的圣母情结往往难以捉摸。看到他人好起来，有圣母情结的人会自我感觉良好。看到他人毫无改善时，有圣母情结的人就会感觉自己太过渺小，变得心灰意冷、愤愤不平。

极端的同理心背后的一个主要麻烦就是，它往往令人在忧郁边缘徘徊。有圣母情结的人很难对开口索取的人说“不”。她们的圣母心总会让她们原谅一切源于他人痛苦的不良行为。她们深切感受到了对方的痛苦，因而难以把不良行为和这种行为背后的痛苦加以区分。因此，对于帮助的对象，她们从不要求对方承担责任。她们虽然也饱受不良行为带来的痛苦后果，却总是高呼“理解万岁”。

圣母情结带来的热切给予他人的欲望源自内心的匮乏。个人的价值完全取决于别人对她的依赖。就这样，她藏起了心底的自恋，享受着被需要和被索取的快感。这就是有圣母情结的人往往会与索要成性的人结成亲密关系的原因所在。双方各取所需，彼此依靠对方的付出和索取来填补自己内心的空虚。

有圣母情结的人要想认清这一点，就需要对自己的惯有模式进行系统的解构。也就是说，她需要把注意力放在对现实的打造上。首先，她需要认识到自己是如何通过给予他人来获得爱和认可的。她无法说“不”，不是因为她不想说，而是因为她害怕冲突，害怕被人抛弃。如果找不到这些恐惧的源头，她就无法开辟出个人成长所需的疆土。

多年来，我经常听到女性抱怨他人，特别是抱怨自己的伴侣或者前任。“都是他的错。他这个人太刻薄。他就是个浑蛋。”当然，她们的愤怒总是合情合理的。毕竟，她们才是

"好人"。但这些都是她们那个虚假的"自我"造成的。也许她们心里想说的是："不，不行！我不能让你这样对我。我对这段感情付出太多了。"然而，她们怕得要命，没有勇气说出来，只好任由对方作威作福，这样她们就能继续觉得自己是那个比别人更"善解人意"的好人了。

既然这些"好女人"不肯当"恶毒女人"，就只好继续训练那个"自我"，变得更富有同情心、更善良、更善解人意，比另外那位"薄情寡义"者更慈爱。于是，我们会再一次被恶意地冷落，再一次越过了边界而不自知。我们心头的怨恨会越来越强烈，我们会觉得羞耻，继而怪自己、怪别人，如此这般，循环往复。

这样的解构极具挑战。当一个有圣母情结的人发现，自己的脚之所以总被人踩，是因为自己总把脚伸到别人的鞋子下面，这种滋味是相当痛苦的。与所有的觉醒一样，伴随这种认知的是一种巨大的冲击。

治疗圣母心的解药就是认清自我价值，关怀自我。当一个人开始感受内在的真我时，她就自然而然地能够找到并设定和他人的边界。一旦设定了边界，她就既能充分激发自己关爱他人和照料他人的优秀品质，又能确保他人考虑到她自己的需要。为了能明确设定边界，并有效地执行，她必须放弃永远当个"好人"的念头。一旦抛掉这个潜意识中的人设，她就能充分认识到设定边界的重要性。

很多人害怕设定边界会导致与他人疏离，因此对这种做法顾虑重重。与他人疏离并不是设定边界的目的。当我们与真我保持一致时，这种边界就能营造出健康的关系。它能教会双方自力更生。

当有圣母情结的人决定改变惯有模式的行事脚本之后，她就会慢慢治愈。以前的她也许把过度给予当成维系关系的唯一方法，现在的她开始学习如何接受他人的关爱。当她发现自己的价值，发现自己值得被给予时，她就更有能力设定健康的边界。这些边界将勾勒出一片神圣的疆土，她那颗善良美丽的心灵可以在那片沃土上快乐、自由地呼吸。

说实话，我身上具备每一种给予者的某些特点。毕竟，每个人的心理状态并不是按照特定的形态划分的。你需要不断吸收那些最适合你的应对策略。很快，你就会弄清楚“自我”的面孔到底是什么样，到那时，你就会知道当你内心空虚时最常使用的应对策略是什么。

第8章

掌控者的表象：完美主义者、直升机家长、讨好型人格和女强人

“掌控者”往往是高度焦虑的群体，她们把自身的焦虑转化为对周围事物的控制，这让她们觉得自己有能力掌控一切。在以“完美主义者”形象示人时，她们会戴上成功人士的面具；在以“直升机父母”形象示人时，她们会戴上忧心忡忡的家长的面具；在以“讨好型人格”形象示人时，她们会戴上努力迎合他人的面具；在以“女强人”形象示人时，她们会戴上刻板老顽固的面具。

给予者总想向世人展示自己有多好，而掌控者总想向世人展示自己有多能干；给予者受不了被人扣上“以自我为中心”的帽子，而掌控者则受不了被人看成失败者。这两种人都被一种病态的潜意识操控，总在试图回答内心深处那个灼人的问题：“我是不是足够好？”这是所有类型的虚假“自我”都会提出的问题。

当一个人有掌控者情结，正如这类人的标签暗示的那样，

她会不断试图掌控生活状况、人际关系以及各种可能的结果。这类人生怕自己不够好。为了平息这种焦虑，她们会把这股邪火发泄在对眼前一切事物的操控上：打扫个不停，烹饪个不停，锻炼个不停，或者围着孩子转个不停，为大小事情准备个没完没了，工作永不停歇，志向越来越远大，化妆品越买越多，衣服越囤越多，职业发展永无止境，哪怕已经一切尽在掌握、生意大获成功仍不满足，她们还要拥有更多、更成功。这样的人无论做什么事都会走极端，总试图成为全面掌控每个细节的人。

掌控者怎么都静不下来。她们内心的焦虑太过高涨，必须要不停地做事、做事，做更多的事来缓解这种压力。谁和她们在一起都会感到精疲力竭，并且被她们的焦虑搅得不得安宁。让我们一起来探索这类“自我”的不同面具，看看哪些方面能够引起你的共鸣吧。

完美主义者：对未知事物进行控制

渴望成功和卓越的心态本来很健康，甚至对日常生活至关重要。然而，完美主义者的这种心态远远超出了健康的范围；她们总是一丝不苟，做起准备来事无巨细；她们总是高度警觉，不放过一点纰漏；她们内心的标准总是远高于事情原本的要求；她们总是力图排除每一个意外，扼杀每一种失败的可能。

完美主义者的这种欲望有时会走向它的反面，她们有时甚至没有尝试就会放弃。因为太过害怕失败，她们甚至根本不敢尝试，唯恐遭受失败的打击。尽管这种模式比较难以发现，而且这类人经常被贴上“懒惰”的标签，但我们有必要记住，被动和逃避的行为可能源于同一种“自我”意识的伪装：完美主义。

完美主义者行事的动力就是避免失败。她们完全无法忍受不成功、不卓越，总是采取一切措施来避免。一切冒险行为的结果都会直接左右她们的感受。她们有时愿意倾尽全力完成某个冒险，因为她们知道要是成功，会觉得很爽；反之，要是失败，她们就会觉得沮丧。她们内心的起伏完全与外部的结果关联。她们害怕平庸和普通，这种焦虑逐渐摧毁了她们内心的真我。

缇娅就是这样一个极端的完美主义者。她五十多岁，身材瘦削，十分美貌，她早已习惯别人对她美貌的各种奉承，对关于她外表的其他奉承都无动于衷，在她看来，那些都不重要。重要的是，她没有达到零号身材①。她照镜子时，完全看不到别人称赞不已的那些美。相反，她看到的是自己下垂的眼角和松弛的下颌。她无法忍受脸上的皱纹，不停地抱怨自己不够苗条。缇娅做了各种整容手术，凡是你能想到的，她都做过——注射肉毒杆菌、抽脂、拉皮、填充假体等等。她一直追求和尝试每一种改善外貌的新发明，但仍然不满足。

① “零号”是美国服装标准中的最小号。零号身材这种超瘦体型最初见于时尚界的T台，后来被更多追求骨感身材的年轻女孩子所接受。——译者注

过去一年，缇娅一直来我这里治疗。不管我怎么劝慰，她始终对自己不满。只要我称赞她，她就马上说：“谢谢你这么说，但是……”对于完美主义者而言，培养自我接纳和自我认同的性格简直就是天方夜谭。

并不只有缇娅这样。我见过无数的朋友和同事被追求完美的心理困扰，要么做什么事都准备得太过事无巨细，要么正相反，什么事都停滞不前。完美主义者太想控制所有的未知事物，这种欲望变成了沉重的负担，导致她们要么花费大量时间为未知的灾难做各种准备，要么干脆停下脚步，彻底懈怠。

完美主义者在内心深处总是苛刻地批评一切，这种感觉令她们的身心备受煎熬。她们内心的声音是这样的：

> 要想感觉良好，你必须不断去做，不断去表现；
>
> 你必须每一次都比上一次表现得更好，做得更棒；
>
> 你要么就出类拔萃，要么就什么都别做。凑凑合合绝对不行；
>
> 你绝不能信任别人来做这个工作，他们可能会把事情搞砸；
>
> 你必须仔细检查所有的地方，并进行全面的风险评估；
>
> 你要多做一些，再努力些；
>
> 你必须关注那1%的出错可能，不然就会全盘皆输；
>
> 除非有百分之百成功的把握，否则就不要启动新的项目；
>
> 如果没有达到预想的结果，你就必须进行深刻的检讨；

如果事情没有按照计划顺利开展，就说明你没有能力，没有价值。

米卡是一名专业演说家，我在许多会议上都见过她。准备上台前，她总是在后台踱来踱去，一遍又一遍地排练演讲稿。她向我坦白，她总是为一次演讲提前好几个月选择着装，还会聘请演讲教练来完善演讲技巧。“追求卓越并没有错，”我对她说，“但是努力做最好的自己和追求完美之间有很大的区别。”前者会推动我们不断学习和成长，而后者会让我们患上“完美综合征”。前者会变通适应，对成长大有益处，而后者则会僵化教条，导致功能失调。这是两种截然不同的动机，两种截然不同的存在方式。

完美主义者一旦走火入魔，就会变成“完美综合征”，差不多是一种精神疾病。当我们追求卓越的欲望发展到近乎偏执的程度，这种情结就彻底控制了我们，也剥夺了我们的愉悦感。人的愉悦感会在顺其自然、率性而为的时候迸发，会在吹毛求疵、挑剔不满的时候荡然无存。

我知道米卡就患有“完美综合征”，因为她这样拼命准备的时候，其实是彻底吓坏了。她随身带着演讲笔记、演讲幻灯片和药瓶——她每天早餐都会吃两片药来稳定情绪。可每到演讲前，她都会紧张得浑身瘫软。她对我说：“我怕得要命，生怕自己忘了说什么、忘了做什么，紧张得头晕眼花。”

生活并不像完美主义者期望的那样，每次都能成功。完美主义者只有学着去审视内心，学着忍受遭遇拒绝和失败的痛苦、焦虑，才能学会忍受和接纳生活中的各种无常。当她不逼着自己非去做某件事时，她就能从自己最原始、最自然的状态中获取对自己价值的认同，就能逐渐摆脱万事可控的错觉，并接纳这样一个事实：美好的生活就是要欣然接纳生活的各种不测。

当完美主义者意识到错误或失败不仅不可避免，而且完全可以不断改进的时候，她们就会从内心深处发生改变。否则，她们就会把错误和失败视为唯恐避之不及的瘟神。只有通过深刻的内省和自爱，完美主义者才能放下这些高不可攀的标准，对失败和错误彻底释怀。

直升机家长：渴望无所不能，却又力不从心

以利沙坚持认为，她女儿上的大学必须在离家两个小时的车程之内。但她女儿谢丽尔却想远离家乡去外地上学。母女俩的战火一直持续着。一天，女儿气呼呼地离开了我的诊室，说母亲在身边让她感到窒息。

以利沙很伤心，想跑去追女儿回来。我只好站起身，把她劝回到椅子上。“你不能去追她。她不是五岁的小孩子了，她几乎是个成年人了。你究竟在担心什么呢？”

以利沙答：“我担心她会受伤。她很生我的气，我不知道她会做出什么傻事来。我觉得我得追上去，确保她不会出什么事。”

以利沙就是典型的“直升机家长”。她对孩子的需求过分

关心，对他们生活的方方面面都介入过深。孩子蹒跚学步时她关怀备至，孩子长大了，她依旧如此。在她眼里，孩子永远是孩子，永远保护不了自己。

在和谢丽尔单独面谈时，谢丽尔告诉我，她对母亲的屈服完全是因为害怕母亲发怒。现在，她快上大学了，她很担心自己无法去心仪的大学就读。

以利沙并不认为自己的教育方式有什么错。她不认为自己的行为是由于内心的焦虑，也不认为这种焦虑和女儿有关，就像我在治疗中遇到的其他成百上千的直升机家长一样。这类父母总是对孩子过度保护，像直升机一般盘旋在孩子头顶，变成了孩子全天候的管家、保镖、司机和女佣。

这种“自我”的表现形式并不局限于家长。它会贯穿在各种不同的人际关系中，并呈现出不同的面貌。有保姆情结的人对掌控一切的极度渴望表现在几个不同的方面：

过度占有——把对方当成自己的延伸；

过度保护——把对方当成珍贵的物品而严加守护；

过度规划——把生活的方方面面都事无巨细地规划好，日程要精细到每一分钟；

过度批判——对每个人、每件事都指责个没完没了；

过度管理——把对方的生活当成自己的生活一样严加管理；

过度参与——完全没有边界意识，直接接管对方的生活。

直升机家长总是被一种强烈的焦虑驱使，总是担心自己做得不够，进而将这种焦虑转移到其他人身上。因为无法忍受这种内心的焦虑，她们会把这股邪火发泄在外面。

斯特拉尝试了多次试管婴儿，终于在五十多岁的时候生下了女儿珍妮特。她将这个奇迹宝宝视若珍宝，百般呵护。之所以预约找我进行心理治疗，是因为她丈夫逼她来。她说："他认为我的疯狂会毁掉珍妮特的生活。"

接着她描述了自己的"疯狂"表现："因为害怕女儿摔倒受伤，我不让她和我一起到后院，因为后院有台阶，她可能会跌倒。我让她在家也要戴头盔，因为我生怕她的头撞到墙。去游乐场玩耍时，我的视线从不会离开她。"接着她又给我举了十几个例子，说明她是多么害怕孩子受到伤害。一方面，她给人一种机警、敏捷的印象；而另一方面，她又是个不折不扣的超级直升机家长。

我们开始挖掘她这种强烈掌控欲的根源。过去十七年，她尝试做过九次试管婴儿。对这样一个付出了如此艰辛努力的人，我们很难评判她内心的焦虑和骚动。她付出这样的努力终于得偿所愿，自然会觉得需要好好保护这个珍宝。

她痴迷于做最好的母亲，孩子就是她生活的全部。她希望永远保持慈爱母亲的身份，也想向自己证明，这么多年的挣扎和奋斗都是值得的。要是珍妮特受了伤、进了医院，在斯特拉看来，就是她这个母亲的失败。她是那么渴望自己无所不能，却总是觉得力不从心。

她并没有审视自己的内心，深究这种不安全感的根源，而是一直在过分保护她的孩子。她认为只要确保珍妮特永远不出事，她就不用去面对自己作为母亲的无力感。

在我成长的记忆中，我身边的很多女性都是直升机家长。我的姨妈似乎从来没有坐下来过，她根本就坐不下来。她总是没完没了地收拾东西、打扫房间、清洁物品。我小的时候，看到她那样转来转去，就会头晕目眩。她的焦虑让她无法放松，无法顺其自然。除非手上忙个不停，不然她就担心要发生什么可怕的事。

大多数有直升机情结的人甚至都不认为自己有掌控欲。她们认为自己只是很有爱心而已。这就是她们那个虚假的“自我”在诱使她们为自己的行为辩护。如果一个女性认为自己体贴周到、乐于助人，她怎么会摆脱这个身份呢？除非她能认识到，自己的过度关心是焦虑所致，是出于自我保护的需要，她才会改变。当她发现自己这么做是在伤害所爱的人时，她也许会停止。但关键是要承认自己的掌控欲。

有保姆情结的人必须学会如何打消掌控生活的欲望。简而言之，她们要学习投降的艺术。当她们明白，生活在本质上是混乱和无常的，无论多努力也无法彻底掌控时，她们可能会慢慢停止自己无休止的行为，学会活在当下。只有当她们明白这些控制手段毫无用处时，她们才能向生活的无常缴械投降，学会顺其自然。

生活无常，要抵御这种脆弱无助的感觉，就要学会从身边的小事开始放手。一开始，这种放手会让她感觉不适应，甚至很麻烦。（说来有趣，对这样的人而言，少做事反而会觉得很麻烦、很费力。）但当她慢慢学会放手后，她就会学着将这股能量重新引导到自己身上。渐渐地，她终于能够放走她生命中的爱人，目送他们走向属于自己的生活。然后，她会全力拥抱自己的人生。

讨好型人格：情绪突然失控的取悦者

讨好型人格是集给予者和掌控者于一身的组合型人格。她就是个情绪不稳定的变脸王。

通常，这类女性看上去非常讨人喜欢。她没有攻击性，非常亲切，顺从又随和，适应力很强。日常生活中，她很乐于取悦他人，对别人的意见很少表示反对。问题就是，她不惜一切代价取悦他人，其实是为了避免流露自己的真实感受。她害怕冲突，因为任何形式的冲突都会吓到她。为了避免冲突，她会竭尽全力抬高对方，让对方的需求显得比自己的更重要。内心的压力越大，她越是要想办法微笑着摆平一切。

那么，这样一个可爱的角色是如何化为一位怒气冲天、咄咄逼人的暴君的呢？这一般发生在她退到极致、退无可退的时候。例如，她想把房间收拾得干干净净来开派对。她希望客人们玩得开心、吃得舒心。她希望把每个人都伺候到位。于是，她一整天都埋头苦干。但她的丈夫和孩子并没有同样的想法。房间里乱七八糟一点也不影响他们的情绪。突然间，一切都失控了，她变成了一个充满怨恨的暴君，疲态尽显、沮丧莫名，对着家人大喊大叫，说他们丝毫不关心她的感受。

许多母亲会对这种场景深有体会。我就是如此。我们时时刻刻都在照顾孩子、收拾屋子、关爱家人，从不拒绝付出，总是努力保持冷静。我们没有意识到，这种方式如何潜移默化地影响了我们，这些没完没了的给予把我们弄得精疲力竭。但我们却压下情绪，藏起疲惫，忍住泪水，不断退让，直到退无可退。我们对自己未被满足的需求一无所知，怒火一旦燃烧，就如火山喷发。而且，我们还会把这股怒火发泄在错误的目标上——通常是孩子身上，这又会进一步滋生我们心头的愧疚。

一旦忍无可忍，我们就会觉得憋屈窝火。克制忍让、辛辛苦苦一整天以后，却是这么个结果。我们觉得自己把一切都搞砸了。这就是一忍再忍的下场。我们陷入了不惜一切代价取悦他人的怪圈，全然没有留意到自己早已跨越了边界。

有这类情结的人会陷入一种循环怪圈，其中涉及以下几个要素：

> 她总是对别人提出的一切要求不加考虑地应承，直到精疲力竭，忍无可忍，大发雷霆。
>
> 她从不主动说出自己的需求，直到筋疲力尽，彻底崩溃。
>
> 她总是忘记照顾自己，甚至得了很多慢性疾病。
>
> 她通过让别人心怀愧疚来控制他人、限制他人。

真相就是，我们并不想答应每个要求。我们并不想工作得那么辛苦。我们也不想因为说“不”而心怀歉疚。我们也不想控制他人。然而，我们一直在这样做。

这让我想起了我的来访者希娜。她从治疗一开始就痛哭失声。她向我坦白说，自己真该去参加一个愤怒管理训练营，因为她在孩子们面前常常失去理智。“她们都是好姑娘，可我总是希望她们更完美。我每天都对她们大呼小叫。我希望她们都像小小士兵那样守纪律。”

希娜有两个不满六岁的孩子。她相当能干，每天都会烹饪新鲜的家常饭菜、打扫房间，还负责丈夫公司的簿记和财务，以及所有的家庭记账和维修工作。这样她还没有成就感吗？是的，她看到的只是作为母亲的失败。她对母亲这个角色期望太高，完全没有意识到，这种期望根本不现实。

“你为什么有这么大的压力呢？”我问。

“我丈夫希望家里的桌布、床单都要熨烫平整，所有角落都要一尘不染。他的母亲全职在家，每天都做一大桌饭菜，所以他希望我也能做到。”她带着一种崇敬的语气描述了她的丈夫，然后又说：“我丈夫认为我不够有条理，不够努力。他认为我应该做得更好，应该把更多的精力放在做个好妻子、好母亲上。”

这就是问题所在。希娜试图迎合她丈夫对家务异乎寻常的高标准。为了达到他的高标准，她对孩子们实行军事化管理，这其实是在毁掉她们的童年。

当希娜看清自己的所作所为时，她吓坏了。她承认：“我很想告诉他别这么挑剔，但我害怕。我很怕我们之间会有冲突，我痛恨这样。一想起冲突我就胆战心惊。而且，我也想成为他心目中的完美女性，就像他所描绘的他的母亲那样。”

希娜向我透露了她小时候父亲是如何抛弃家庭的。她的母亲是单亲妈妈，为了养育她，要打好几份工来维持生计。她很早就学会了做能干又懂事的完美女孩，因为这样就不会给母亲带来压力。眼下，她唯一的问题就是不够完美。不管她多么努力，对她那挑剔和崇尚完美的丈夫而言都不够。

对这类总想取悦他人的人而言，她们的解药就是“解雇”自己想要取悦的“老板”。每个取悦者都在试图取悦自己崇拜的对象，恨不得竭尽全力来赢得对方的好感，甚至不惜向身边的每个人寻求帮助。当我向希娜展示她已经多么出色，以及她对丈夫的崇拜有多么虚伪时，她猛地睁开了眼睛。我们一起追根溯源，将她对丈夫这种逆来顺受的行为归咎于害怕丈夫会像当年她父亲那样抛弃她。希娜有个根深蒂固的想法：如果当年她更优秀的话，父亲就不会丢下她这个女儿。这就是她竭尽全力想在婚姻中表现卓越的原因，她在潜意识中一直在努力消除丈夫离开的可能性。

我解释说：“你把你的丈夫变成了老板。他并没有要求做你的老板。当然他很专横，但这并不意味着他就是你的老板。是你给了他那个职位。把老板解雇掉！就是这种不平等在你的内心制造了混乱，你又把它发泄到了孩子身上。你应该是自己人生的老板。如果你丈夫觉得不开心，他可以做出必要的改变。你不可能为了取悦他而重塑身上的每个细胞。开不开心是他自己的事。现在就做！把这个老板解雇掉！”

希娜开始意识到，自己是如何把丈夫当成了父亲、老板和决策人的。她需要得到他的认可。这种需要越强烈，她就越会屈服于他那些不合理的期望。如果她一开始就体现出“我的风格我做主”的老板风范，她就能阻止他得寸进尺，自己也能在属于自己的疆土内健康发展。

在某些亲密关系中，一方总是依赖另一方的认可，而强调个体独立的过程就是破解这种纠缠关系的关键。希娜在潜意识中仍然在等待得到爸爸的认可，同时也害怕遭到爸爸的抛弃。当她开始哀悼那段过往，正视那段缺失的情感，并将其融入当前的成年世界后，她就能将丈夫的角色拉下神坛了。她开始把丈夫看成一个有缺陷的普通人，这么做，她就能设定边界，并将注意力放在真正需要关注的地方——不是锅碗瓢盆，不是怎么做手工比萨，而是孩子们的快乐。

希娜终于摆脱了不知什么时候就会情绪失控的取悦者的怪圈。她知道了自己原先追求的认可来自那些想要控制她的人，这实在太可怕了。而且她也意识到，即便真的失去了也没关系。毕竟，她有了一个新老板、新朋友、新爱人，那就是她自己。

这种讨好型人格的解药只有一句话：做自己的老板，自己认可自己。只要我们总想获得外部的认可，我们的内心就会不断失调。我们的情绪就会来回晃悠，越晃越大，直到情绪崩裂。不真实的绳索早晚会有断裂的一天，那时，地狱之火再无束缚，会彻底爆发。正如其他“自我”的表象，我们越能做到对自己诚实，就越不会出现积怨爆发、无法收拾的情况。

女强人：以牺牲内心的幸福为代价

这样的女人在人群中十分显眼，很容易认出来。尽管这种人不多见，但我们一生中至少会遇见一位这样的女性，而且几乎是过目不忘。这是一个看起来总能掌控一切的女人。她世故、冷静、从不情绪化，她坚强、理性、独立自主。这种女性从不会流露出心情不好的一面。她做事从来都是一心一意，结果也往往称心如意。

通常情况下，这样一位大姐大似的人物很早就知道，为了掌控生活，她需要彰显男子气概。这种坚强独立性格的养成也许是由于童年时经历过某种创伤和虐待。对于这样的女性而言，披上一身能保护自己免受虐待的金盔铁甲十分安全。在这样的金盔铁甲的护持下，她一方面坚不可摧，另一方面势不可挡。这种“刀枪不入”的人从不感情用事，永远坚强独立，简而言之，就是抛弃了自己女性化的一面。

这样的女性怀揣着这样的信念长大：只有征服周围的一切，才能感到自己的强大。她会变得野心勃勃、热情过度、孜孜不倦，通常无论做什么都要尽善尽美。你可能会发现她往往是某些组织、政党或运动的领导人。我们绝对要为她们的显赫功绩而感谢她们，但我们也不要忘记，她们的强大常常是以牺牲内心的幸福为代价的。

凯莉就是这种类型的完美例子。几乎没有什么是她做不到的。“在我们家，我必须既是男孩也是女孩。父母期望我的运动成绩和学习成绩一样优秀，期望我不但各门功课都考全班第一，做起缝纫等传统女红也要得心应手。”如今，五十三岁的她是一位成就卓越的精神病学家、作家和小提琴家。那她有没有软肋呢？有，就是亲密关系。她在亲密关系中度过了最艰难的时期，经历了最大的挑战。

“我就是容不得任何形式的情绪化，”凯莉表示，“一碰到这种事我就会崩溃。我会觉得很混乱，受到威胁。情绪化这种事太危险了。我绝不能闹情绪，也容不得别人闹情绪。”

凯莉的几段恋情都是突然结束的。当她的伴侣在遇到问题表现得情绪化时，她会立刻冷淡他，不再理睬他。看起来，她总是期望伴侣也能像她那样，在任何时候都能做到理性，甚至超然。

我们开始探究凯莉对情绪化如此厌恶的根源所在。和之前一样，这条探究之路把我们带回到了她六岁的时候。她的父亲非常严厉，酗酒、易怒。有一次在盛怒之下，父亲说真希望她从未出生，还说自己一直想要个儿子。比父亲的愤怒更让她伤心的是，她的母亲从来没有站出来保护过她。父亲的怨恨并非一时之怒，凯莉记得他总是逼她去玩一些她不喜欢的男孩子的游戏，要是她哭鼻子，他就会取笑她。只要她表现出一丝软弱的迹象，他就会恶语相加。他好几次用皮带抽她。有时候她会哭着去找母亲，但母亲对她的求助从来都无动于衷。她不断受到父亲的嘲弄、欺凌和虐待，还受到母亲的忽视，这让她练就了坚强的外表和刀枪不入的性格，她就这样看着真我一点点从内心消失。

我解释说，她在童年时期形成的这层“金盔铁甲”当时的确能保护她。但现在，这个盔甲不但没有帮助她，反而削弱了她与其他人的连接。我们一点点勾勒出她形成这种个性的具体方式，以便她能清楚地识别自己的惯有模式：

清心寡欲，从不感情用事；

讨论起问题来永远理性至上、客观超然、逻辑缜密；

永远不苟言笑、平静无波，无法释放自己的情绪；

声名显赫、功勋卓著，条理太过分明；

一台行走的机器——任何时候都喜欢用数据和事实说话；

从不看情感电影，从不说感性话语；

永远是失控局面的救火队员。

这样的描述真是一针见血，凯莉听了忍俊不禁——这种反应可真是罕见。她很快就意识到自己如何打造出了这样的形象：既是为了抵御父亲的怒火，也是想成为父亲心心念念的儿子。

这种钢铁战士般的女性通常喜欢独处和安静。她们不喜欢别人走得太近，走进她们的情感世界。我们很容易忽视她们的感受，忘记她们也会受到伤害。她们的外表看起来坚不可摧，再加上她们能力超强，会给人一种拒人于千里之外的感觉。她们的样子会让别人不敢去招惹她们。这样的女性很容易错过与人真诚交流的机会。

凯莉花了好几个月的时间去转变。她很不习惯以新的面貌示人，以至于她不得不重新接受训练，简直像是在说一门全新的语言。她必须学会把自己调整成一个普通人。我不得不在训练中反复问她：“现在感觉怎么样?”“现在的感觉呢?”“现在呢?”她太过于习惯依靠纯粹的理性行事，甚至不知道该如何审视自己的内心。好在，功夫不负有心人，她终于慢慢地做到了，改善了，更愿意接纳他人走进她的内心世界了。

这种性格的人的化解之道就是训练自己去感觉，说出自己的感受，而不是靠理智来分析事物。这种改变不能急于求成，只能慢慢来，慢慢地听从内心的声音，而不是头脑的声音。她们在表达观点时，要慢慢学会使用“我感觉”而不是“我认为”来开头。她们需要明白，表达感觉、情感、情绪并不是暴露弱点，不会受到威胁，这只是另一种形式的交流。而且，敢于表达自己的感受也是一种力量。

这样的女性早就习惯于相信有感情是一种缺陷，因而极度压抑自己的感情。当她们相信自己有能力承担更多风险、认识更多新人、尝试新鲜事物，并且仍能表达和掌控自己的感情时，她们就会成长，并逐渐成为更完整的人。

第9章

索取者的表象：天后、公主和儿童

你是不是觉得前面的那些描述，每一条都和自己相符？我完全理解你这种不知所措的感觉。人是有多个侧面的，我们会在不同的时间和场合展示出不同的侧面。不过，当你读完所有这些特征描述，你就会发现，在我们每个人身上其实都只有一种表象占据主导地位。

那么，什么样的人是索取者呢？和给予者、掌控者不同，索取者通常是没有自我管理能力的人。她们“封印”了自己的力量，完全靠攫取他人的资源来滋养自己。索取者依赖别人为她们做事，依赖别人提供感情寄托。

正如自恋者总是以自我为中心，意识不到他人的需求那样，索取者也把自己放在中心位置，通过这种方式来保护自己。她们总是被动消极，不肯自立，需要依赖周围的人。让我们来看看这些索取者的常见表现吧。

天后情结：自恋的病态人格

有天后情结的人，往往认为自己有权对他人指手画脚，为所欲为。她认为自己比别人强，出于这样一种优越感，她自欺欺人地相信别人理所应当为她服务。

通常情况下——虽然并不总是如此——“天后”一般指的是那种拥有某些荣誉，并且自带“明星”光环的人。因为她认定自己是明星，所以也相信自己应该被人当作明星来对待。她总是希望获得所有人一心一意的关注、无穷无尽的赞扬和万千宠爱。

我通常能在那些取得了某些地位和声望，或是拥有某种社会影响力和威望的人身上看到这种光环。不过，我也会在一些家庭中看到这种情况：某个人会在家庭中居于领导地位，而且总是利用这种地位对他人颐指气使、发号施令。她们超级渴望获得认可，而且相信凭借自己的社会身份，肯定能获得家庭成员或周围人的奉承。当然，如果这种关注非常短暂，她们会像毒瘾无法满足似的陷入崩溃。

有的女性因为取得了一些成就，获得了某种社会地位，就摆出天后的架势。这种情况并不罕见。她们可能的确取得了傲人的成就，但这不是她们凌驾于他人之上的理由。这就是虚假的“自我”把我们的价值和他人的认可紧紧束缚在一起的一种方式。

斯蒂芬妮终于获选出演百老汇剧目的配角，她欣喜若狂。这是她一生的梦想。显然，她从原先单纯的女孩变成了一个小明星。当一个人获得了某种力量时，这往往是个好消息；但当这种天后情结取代了她的本心时，就成了坏事。

斯蒂芬妮就遇到了这种情况。没过多久，她就开始不停地向我抱怨她的同事。这些人对她而言都太业余、太平庸了，就连导演也很不专业。她希望周围的同行能认识到她的重要性。当这种情况没有发生时，她就陷入了一种自我陶醉式的愤怒。她觉得自己理应获得比现在更好的待遇，不能如愿就觉得备受打击。

她来我这里治疗，是因为她刚刚收到了一份措辞严厉的负面评价，这让她极为悲愤。她怎么都接受不了这类意见，情绪怎么都无法平复。她甚至考虑彻底放弃表演。她想要拔尖的愿望太过强烈，以至于压倒了她对表演的热爱。当我为她解构了她骨子里那种“天后”情结后，她大为震惊。以下是我为她标注出来的特征：

> 渴望成为关注的焦点；
> 渴望得到正面的评价；
> 讨厌任何负面反馈；
> 认为自己比其他人都强；
> 需要被人小心呵护。

当斯蒂芬妮发现自己痴迷于扮演天后时，她很难堪。我让她回忆童年时最后一次被人当作天后对待的情形。她回忆起来，那是在小学三年级的一次话剧表演中担任女主角。她还能记得每一个细节，那时的她感到自己特别与众不同，尤其是她的母亲，为她深感自豪。她的母亲是当地著名的女演员，斯蒂芬妮一直想效仿她。对小斯蒂芬妮来说，站在聚光灯下的感觉很棒——她一生都渴望那样的时刻。可惜斯蒂芬妮从来没演过主角，这让她觉得十分惭愧。百老汇的这次演出，是她自小学三年级以来最接近主角的一次。

站在聚光灯下，斯蒂芬妮终于觉得自己更有价值、更有安全感了。但她并没有意识到，她潜意识中在使用天后的人设，有意无意地在自己和周围人之间营造出了一种等级制度。她对力量的渴望源于内心的匮乏。她是那么渴望得到肯定，以至于无法忍受任何负面评价。

有天后情结的人一旦小有名气，就觉得自己有权得到不同程度的特殊待遇，要是没有得到，就会很恼火。她们对这类认可充满渴望，渐渐得寸进尺，变得贪得无厌；一旦被拒绝，就会恼羞成怒。

天后的气场不该被误认为是一种力量，因为这并不是内心觉醒的表现，而是内心极度空虚和匮乏的表现。她们实际上总是试图从他人那里索取自己儿时得不到的东西。

“天后气场”在父母当中很常见。母亲有时会对孩子施加一种自己儿时永远无法施展的力量。我还观察到，在家庭关系中，当婆婆的有时也会在儿媳身上施展类似的力量。

在一种崇尚明星、狂热追星的文化中，人们很容易就会被这种众星捧月的假象迷惑，以为自己就是天神一般的存在。当我刚刚开始变成公众人物，被各种赞誉冲昏头脑的时候，我意识到，必须进行一番深层次的自省。我开始扪心自问，“为什么我会把别人对我的评价看得如此重要？我是不是内心太空虚了呢?”

当我们没有认清自己的内在价值时，很容易被他人的观点左右，似乎要靠他人的意见来构建自我意识。这就是为什么大多数过早成名的人，往往在发现真实的内在之前就前途尽毁。他们天天盯着公众的点赞数，不断质疑自我认知。

由于我的大部分工作都是在公众视野中进行的，所以我必须学会与公众舆论保持距离。当我在网上直播或在现场演讲时，往往会收到成千上万的回复和反馈，从我的穿着、我的外貌到我说的话、我的观点，都会有人给出各种意见。对我而言，倾听这些反馈并改进、成长非常重要；但如果因此把自己沦为他人评判的牺牲品，就太危险了。

只有当我能够完全不受各种观点——甚至是积极观点——的左右时，我才能真正解放自己。消极的也好，积极的也好，这些观点不过是陌生人的揣测，与我个人的现实情况毫无关系。如果他们认为我有能力，并不是因为我真的有能力，而是因为他们同意我说的话；如果他们认为我很蠢，也许是因为我的言论和他们根深蒂固的信念发生了冲突。关键是要将自己从这些正面的或者负面的评论中分离出来。

这种天后情结源于内心的不安全感。当一个人被这种气场把持时，会变得爱攀比、心态消极，总是惦记着那些批评和挑剔，以及严厉的指责。只有当她愿意内省，诚实地面对心魔时，才能打破天后情结带来的惯有模式。她需要停止伪装，开始说出内心的真实感受——那些匮乏、卑微和渺小的感觉。当她触及内心的真实感受时，才会摘下天后的面具。这时，美好的事情就会发生。人们开始看到真实的她，会比以往任何时候都更接近她。当她与他人产生真诚的联系时，就会意识到，再也不需要维持那个天后的表象了。人和人之间的真心胜过一切。

当我们心平气和地审视内心时，就会发现，实在没有必要装天后、耍大牌。事实就是，不管是不是天后，每个人都有价值。如果不去探究这一深层次的真理，我们就会永远在外部寻找认同。

公主情结：习惯性的被动无助

有公主情结的人，总要展示出一副娇小姐的模样。她似乎永远停滞在青春期甚至更早的时候，任性、叛逆，拒绝长大。成年这件事令她畏惧，于是她总等着其他人介入她的生活，为她打理一切。她觉得自己有权这样做，也希望获得宠爱。她并不像天后那样盛气凌人——她只是等待，被动地期待他人的眷顾。

黛比在我这里咨询了几个月。她告诉我，她的婚姻很悲惨。她很聪明，但她说自己从未全身心地追求过任何事。“从体育到学业，我都做得很好。但什么都不能让我全情投入。”然后，生活发生变化，孩子降生，黛比的事业陷入泥潭。如今，职业发展已经成了一个遥远的梦。关于婚姻，黛比总是抱怨她和丈夫缺少亲密接触，感情淡漠。她的丈夫是个成功的医生，很少在家。她抱怨说，他总是忽视她，总是把事业和孩子放在她之前，这让她感到空虚孤独。我建议她找份工作，或者去什么地方当志愿者，让生活充实起来。

几个星期过去了，她的抱怨仍在继续。她希望生活更有激情，更有奔头，却没有采取任何具体的行动。她和丈夫一直在她的零花钱额度上僵持不下。黛比似乎总对他做的预算不满意。我建议她自己找工作挣钱，这样就不用再依赖丈夫了。

和那些受害者一样，黛比觉得自己受到了轻视。但与受害者不同的是，她虽然消极被动，却认为自己有权利得到更多。"他为什么就不能不限制我的零花钱呢？他有的是钱。我想重新装修书房，但他拒绝了。我真讨厌他那么小气。我希望他能像别人家的丈夫一样，对妻子慷慨大方。"

这种坐等他人照顾的念头源自公主情结。她们相信自己有权受人呵护、得到保护、被人供养。她们没有意识到的是，她们至少需要为自己的生活做出同等或者相近的贡献，更不用说为对方的了。

当我深入黛比的内心，探究她为什么不想找工作时，她的借口总是五花八门：

> "我从来没干过正经工作。"
> "我根本不知道自己适不适合工作。"
> "我至少还需要一年的时间才能工作。"

对我提出的每一个建议，她的回答都一样："我不知道。"

她不知道，是因为她不需要知道。另一个人，也就是她的丈夫，知道所有她应该知道的事情。

无助和依赖是公主情结的标志。她并不邪恶，也不善于操纵他人，只是总以自我为中心。她不觉得自己有能力去行动。她的做法就是寻求帮助，即便她自己能办到。她认为自己什么都干不了，以至于和她有交集的人总是自然而然地替她收拾残局。

黛比继续等待丈夫多给她零花钱，批准她装修书房，继续等待理想的工作从天而降。在等待的过程中，她一直期待事情能有所改变。当我指出事情不可能自己改变时，她有些不知所措。“那我该怎么办?”面对这个我已经回答过无数次的问题，我知道最好不要直接回答，她的这个问题正好反映出她什么也不愿意干的个性。

当有人在某个项目开始前问太多诸如“我要怎么做”或者“我现在该怎么办”的问题时，我们一开始会觉得这些问题听起来很真诚。只有在回答过几十次之后，我们才会渐渐明白，她这么问完全是出于一种被动无助的惯有模式。

当我认清黛比困惑背后的实际意图，并意识到这其实是她有意为之的偏执和麻木后，我就不再试图用各种建议和策略拯救她了。我意识到，她其实害怕采取行动。更甚的是，她害怕长大，害怕独立自主。对她而言，等待别人去承担她不敢承担的风险要容易得多。这样，她就可以凡事责怪对方，把自己撇干净。当事情没成功或者出了纰漏时，她只要怪到别人头上或者说自己尽了力可还是没成，就可以继续保持完美无瑕的形象了。

当我向黛比勾勒了她的性格特征后，起初她陷入沉默，接着突然大哭起来。她说，她从没有意识到自己的问题这么明显，她甚至不知道自己的生活方式因此受到了制约。她一直以为这就是她的本来面目。以下是我帮黛比列出的一些惯有模式：

> 总是默认自己很无助，什么事都不会做；
>
> 总是害怕步入成年，害怕承担责任；
>
> 靠表现无助来获取他人的关注和爱；
>
> 凡事都被动消极，以此来保护自己免受失败的伤害；
>
> 当得不到帮助时，就会觉得自己理应获得的权利没有获得，因而十分恼怒。

当我们追溯黛比过去的生活时，发现她和哥哥一起长大，而她的哥哥非常出色。她记得童年时的很多细节——哥哥如何得到所有的关注，她又如何感到被忽视和孤立。她唯一能引起家人注意的方式就是生病或者发生了什么不幸的事。她很早就学会了事事被动，以此来吸引家人的注意。

有公主情结的人害怕失败，害怕被人拒绝。不仅如此，一想到自己一无是处，只能靠欺骗获得关爱，她就更害怕了。解决问题的唯一办法就是让自己退无可退，跌到谷底。大多数人只有在各种花招都用尽了，再无退路的时候才会改变。既然“公主”的生活靠的是他人的供养，那么为了帮助她，她身边的每个人都需要停止和她合作。一旦那些支持、供养她的人不再惯着她，她就别无选择，只能依靠自己了。

我曾告诉过我的一个来访者，她就是典型的“公主”，我帮不了她。她极为震惊，手足无措。我温柔地告诉她，我能做的最有用的事就是不再想办法救她。如果我一直让她依靠我，那就是在帮倒忙。她痛哭流涕，试图让我内疚：“你怎么能丢下我不管呢?”我知道她这种无助的感觉来自那个虚假的“自我”，而不是那个勇敢和强大的真我，所以我告诉她，她必须自己做出改变，然后才能回来找我。我至今仍在等她的电话。我并不是针对她这个人。我太理解那个虚假“自我”的力量了，它能够让我们永远困在惯有模式中，不能自拔。

黛比只有在完全停止对别人的依赖后，才能逐渐痊愈。她的丈夫拒绝改变，也不想救她，甚至提出了离婚。她的孩子们都离家上大学了。她无处可逃。这是她最糟糕的经历，她的人生跌至谷底。一开始她找了一份兼职的工作，最终变成了全职工作。起初，她十分抗拒辛苦的工作，但后来她慢慢攒了些钱，这增强了她的信心，让她找到了自我。她的自信最终变成了自我认可。我无比欣喜地看到她从一个被动的公主蜕变成一个觉醒的成熟女性。

有公主情结的人想要改变，需要彻底戒掉对他人的依赖，让内心成熟起来，为自己的生活负责。一旦坐在了自己命运的驾驶座上，她就会发现，这根本不是什么可怕的命题。这时的她会握紧命运的方向盘，看着车窗外青翠诱人的风景，露出会心的微笑。

儿童情结：活在“总有一天”的世界里

儿童一般生活在希望和乐观的泡沫中，感到舒适、满足，这段时光虽然短暂，但他们过得天真无邪、随心所欲。有儿童情结的人就是永远的彼得·潘，害怕成长，害怕面对现实，只有从小到大住在同一个城市，从事固定的工作（如果她工作的话），才会感到舒适。每天的事情必须按部就班才觉得安心。

有儿童情结的女性不喜欢变化和冲突，更怕发生大的变化。她宁愿保持现状，过着相对痛苦的生活，也不愿为了可能的幸福而做出改变。在她眼里，安全感比真实感更重要。因此，她情愿处于一种顺从、驯服甚至卑躬屈膝的位置，从而避免冲突与不和。她总是抱着幼稚的幻想，等着他人来推动事情，而不愿意自己去实现。她看起来开朗积极，但其实活在一种不真实，或者说永远不会成真的虚幻现实中。

否认和回避是儿童情结的特征。我还发现，扮演这类角色的女性在亲密关系中，另一方往往并不善待她们，而她们却编造出一种幻想的童话情境，然后便甘于维持现状。如果她们有工作，她们会对老板或同事心存幻想，并认为：“我希望有一天他会走到我身边看到我在工作，然后意识到，作为他的助理，我默默付出了那么多。”她们会对某个已婚男士心存幻想，以为对方会离开他的妻子并“和我生活在一起”，她们认为对方“真心这么想，现在只是身不由己罢了”。她们会活在一个“总有一天”的世界里，像个没长大的孩子那样说“总有一天我会成为美国总统”或者“总有一天我会成为一名宇航员”。

我至今仍记得第一次给梅洛迪治疗时的情景。她走进房间，穿着一条淡黄色的长裙，看上去脆弱而疲惫。她的双手绞在一起，指节被握得泛白。“我觉得我丈夫有外遇了，”她说，“我还不能肯定，但我看到很多明显的迹象。这已经不是第一次了。”当我试图了解她以前如何应对丈夫的不忠时，她回答说：“我什么也没说。我总觉得只是偶尔一次而已，结果却发生了一次又一次。我真希望别再这样了。我就是很震惊，他怎么能做出这种事，所以我一直认为这并不是常态，只是偶然的反常而已。可是，现在这种事又发生了，真是难以置信，我一下子又回到了十年前的状态。”

梅洛迪从来没有直接告诉丈夫她已经什么都知道了。她宁愿保持沉默，也不想打破平静。当我问梅洛迪这次打算怎么做时，她说：“还能怎么办呢？像以前一样，等待暴风雨过去吧。都会过去的，是不是？我知道我丈夫并不是有意欺骗我的。就算他欺骗我，也不会永远骗下去。我还是应该关注积极的一面，男人的问题就该男人自己解决。毕竟，谁的婚姻完美无缺呢？”

没过一会儿，梅洛迪就从沮丧转为乐观。她的变化真让人困惑不已。她几分钟前的那种感觉都去哪儿了？终于，我明白了她的思维过程。当梅洛迪面对真相时，她会感到极度混乱、幻灭、痛苦。这种滋味让她难以承受。一旦她内心的儿童情结感受到了这种深刻的情感伤痛，那个“自我”就会跳出来拯救她，以此掩盖她的痛苦。当她把这副面具牢牢地戴在脸上时，一切都变了。她从一个不得不面对不安现实的成年人，变成了一个生活在幻想世界里的孩子。在孩子的世界里，一切都是正常的。

这种儿童情结能让梅洛迪继续保持乐观，却不能改变她的生活现状。这种情结让她忽略了自己的认知失调，进入了一种自欺欺人的盲目乐观状态。对她而言，靠这种"自我"的面具保护自己，要比直面婚姻的痛苦容易得多。只有帮助她认识到这种虚假的"自我"，她才能逐渐改变这种惯有模式。我列举了她的一些典型行为，帮助她识别自己的惯有模式：

在做决定时从不积极主动，而是被动等待；

从不主动采取行动，以至于其他人不得不替她采取行动；

无法忍受痛苦，干脆跳过痛苦去获得快乐；

对生活中的痛苦总是断然否认；

从来都说自己很快乐，即便不快乐时也是如此；

对自己或他人的真实感受或痛苦缺乏洞察力，缺少认识；

对自己和他人的看法十分肤浅，不愿深究；

不喜欢探究自己或他人生活中更深层的现实问题；

通过忽略真实的感受和忍让、谅解来避免冲突。

那些总是躲在儿童情结之下的人很早就知道，生活太过危险，需要太多大胆的举动。她们戴着这副面具，总像鸵鸟一般把头埋进沙子里。这么做安全、可靠。最重要的是，这样可以避免冒险走出温馨的小窝，去面对生活中的那些未知带来的痛苦。

这类情结的根源是幼年时期遭受的伤害。那时，小女孩对生活中的一切混乱都感到困惑。梅洛迪七岁的时候，父母离婚了。她说，她的生活一夜之间全变了，再也不复从前了。没人把她从这种排山倒海般的痛苦中解救出来，也没有人解答她心头的困惑。她回忆起更小的时候，那时的生活更快乐、更平静。她开始吮拇指、尿床。这让父母越发愤怒。尽管如此，她依旧坚守那种天真无邪的感觉，而且从那以后一直带着儿童情结。这种情结是她的保护伞，是她感到安全和温暖的茧房。当年的那种感觉太可怕了，她发誓再也不要感受那种痛苦了。所以她给自己戴上了“儿童”的面具，让快活、乐观和希望的氛围包裹自己，让自己永远活在幻想中。

消除梅洛迪这种儿童情结的解药是彻底打消她否认现实的念头，逼着她直面真相。她早已知道了真相；她只是假装不知道，因为假装“不知道”的日子更好过。这样就不需要去质问什么人，不需要和什么人发生冲突，也就没必要做出改变了。

假如梅洛迪想进化，就需要摘下儿童情结的面具，让真实的自己站在镜子前，赤裸裸地直面生活。她必须在强光下看清真实的自己。只有这样，她才能开始面对真实的生活而非想象的生活，才能调动内在的适应力。她会发现，自己其实非常坚强、勇敢。她多半会发现，自己能忍受这些改变，而且会发现改变的好处很多。她会越来越喜欢变化，逐渐将不真实的、充满恐惧的生活抛在脑后。长此以往，她的天真和幼稚会逐步被追求真理的热情取代。

当女性的儿童情结发展到极致时，会演变成“玩偶情结”。她会变得无限柔软和顺从，变成主人心爱的玩偶。这种玩偶般的女性，通常会极度牺牲自我，只为他人服务。这种人设往往是在情感遭受严重忽略和恶意对待时才会出现。玩偶会屈服于另一个在她看来更强大的意识或念头。要走出这种状态，她需要唤醒内心的声音，并鼓起勇气听从这些声音。这么做也许有风险，甚至有危险，然而，一旦开始释放自由意志，她就会摆脱困境。很多落入邪教控制的受害者，以及杰弗里·爱泼斯坦[①]这类案件中的受害人，通常都是具有玩偶情结的女性。这些女性长期以来被迫放弃人格或自主权，导致她们相信自己的存在就是为了服务他人，即使遭受虐待也难以自拔。

认识真我，是一切问题的答案所在

关键是要记住，人类是微妙的生物，可以同时展现出多个侧面。我试图对“自我”的千张面孔进行分类，但我很快就意识到，人类太过复杂，很难简单地归类。此外，每个人的“自我”都可以同时扮演多种角色，有时候我们在这里扮演一

① 杰弗里·爱德华·爱泼斯坦（Jeffrey Edward Epstein），美国亿万富翁，犹太人，创办了杰弗里·爱泼斯坦公司。2007 年因召妓在佛罗里达州被判刑，2008 年因教唆未成年少女卖淫被判刑，2019 年以性交易罪在纽约被起诉。——译者注

种角色，到那里又会扮演另一种角色。关于心理发展，更是没有什么硬性的规律可循。我们跟着当前的情形随波逐流，根据需要挑选一副“自我”的面具戴起来，扮演自己的角色。我们往往不去评判这个“自我”，也不去预测“自我”的展现方式，而是本能地选择顺其自然。

一旦我们意识到，这个虚假的“自我”在代替真我扮演着各种角色，我们就可以不再白白浪费我们的精力，转而去寻求内心的力量，深刻反省，弄明白过去到底是哪一种伤痛激活了这种自我，导致了我们的怯懦和畏惧。这样，当我们置身在这种“自我”的保护之下时，就能理解当初为什么需要这种保护了。我们通常会回想起童年的不幸和恐惧的体验——害怕自己不够好，害怕得不到关注、关爱和认可。当我们意识到，那个“自我”的出现其实是在保护童年的我们免于恐惧时，我们就会感激它，并且清醒地认识到，重塑自我的任务就摆在眼前。现在，是时候自己教育自己、自己做自己的父母和家长了，是时候让自己成为一直渴望却从未成为的那个人了。

那个虚假的“自我”只有在我们潜意识的阴影下才能茁壮成长。我们的内心世界在自省的光芒照射下显露得越清晰，那个“自我”消散得就越快。因此，丢开虚假自我的途径就是去认识真实的内心，认识真我。这是一切问题的答案所在。

Part 3

回归本质：了解男性的生物学特征，做出更有主动权的选择

免责声明：我完全同意，对于性别取向和生活方式，每个人都有权做出最适合自己的选择。每个人，不管是男人和女人，不管他们是否认同自己的生物学身份，他们的性别取向都应该得到尊重。

在这一部分，我解构的是更普遍的人群中的核心现象，所以我主要谈论的是顺性别个体（cisgendered individual）。然而，尽管我使用的是传统的性和性别术语，并不意味着我排斥女同性恋者、男同性恋者、双性恋者，或者变性者、非二元性别者、流动性别者以及双性者。

第 10 章

重新从生物学层面认识身体

我们像一幅杰作，无懈可击

我们像一架时钟，精准莫名

我们像一副拼图，纷繁复杂

我们像一片绿洲，充满生机

我们，就像宇宙本身，无拘无束、怡然自得、万古长存。

我的女儿进入青春期后，经常和我谈论性方面的话题。她常常哀叹自己认识的男孩要么在情感上很幼稚，要么只是对“上床”感兴趣。她谈到自己的很多女性朋友一想到关于性的问题就压力重重，她自己也觉得没有准备好。有时，她会问我一些性方面的问题，经常把自己的恐惧和两难心境说给我听。

每次谈到性的问题，想到她在和我谈论这一话题时感到自然、舒服，我都会松一口气。要是我年轻的时候和我母亲谈论性，肯定会觉得不自在。我们从来没谈过性，甚至连我对性的感觉都没谈过。我只能靠自己搞清楚这件事，而我母亲宁可我别琢磨这种事——当然，除非我想组建家庭。

从小到大，我得到的信息就是：性是不好的。不仅不好，而且令人恶心。我们女孩子要是关注性，就是放荡和不道德。我可不能这样。可我就是搞不懂。如果性真的那么糟糕，为什么我们必须要通过性交才能生孩子？这些关于性的禁忌在我看来真是说不通。

在女性的觉醒之旅中，很大一部分是重新从生物学的层面认识自己的身体。这需要我们深入探讨这样一个核心主题：是什么造就了男性和女性？性别是如何影响我们的心理的？只有我们坦诚地与自己的身体对话，谈论性以及各种与性有关的话题，我们才能更好地认识性对我们产生的影响。

大自然造物的思路很简单。大多数人出生时，不是男性就是女性。这就是我们的生理性别。但是，生理性别不一定会成为我们的社会性别。我们的社会性别既来自文化，也来自个人认同。对大多数人而言，生理性别是与生俱来的，而社会性别则是随着时间的推移，在与家庭和社会环境不断的心理互动中产生的。

实际上，对于“女人”或“男人”，并没有清晰明确的、一望而知的定义。唯一客观的区分就是生理上的“雌性（女性）”和“雄性（男性）”。这是我们的基本生理特征。虽然它可以通过现代医学、激素或手术进行一定程度的改变，但这种基本性征在出生时就已经确定了。

当我们觉醒时，要充分认识到大自然如何从生物学的角度塑造了我们的身体，设计了我们的各项机能。这非常重要。女性需要深入了解的关键问题就是：作为女性到底意味着什么？女性有阴道、有乳房，能分泌雌激素，这些对我们有什么影响？文化又是如何利用我们的生理特征为父权制度背书的？只有从生物心理学的角度理解女性和男性的自然特质后，我们才能更好地理解自己作为女性（或者男性）这种生物的本质。

虽说男女生来平等，并且平等地享有尊严和自由，然而，大自然在构造我们的身体时，并不是平等的。男女在体型和力量上各不相同，从生物学的角度看，扮演的角色也不一样。女性和男性在生理构造上天然存在着巨大的差异，我们必须理解这一点，才能持久、深入地了解彼此。

女性的养育天性

女性的身体构造就是为了养育和奉献。这种与生俱来的养育天性让我们天生善于和他人和谐共处。女性天生是部落的缔造者和汇集者。这就是女性的“道”。

因为这种生理构造和自然设定，女性天生拥有养育的力量。但文化却出于自身的利益滥用了这种自然馈赠的特性。如果意识不到文化的这些行径，我们就会把自己奉献到完全忘我的地步。

让我们来看一看，身体构造是如何让我们成为给予者的吧。不妨想一想，大自然是如何精心设计女性的身体，使其适合孕育后代的。是否生孩子并不是重点，重点是，我们的生理构造就是为了孕育和分娩而设计的。在孩子出生之前，母亲的子宫为他提供了成长的空间，腹部能够伸展和调整，以容纳胎儿，乳房天生就知道何时该膨大，蓄满乳汁供养出生的婴儿。想想看，这堪称自然设计的奇迹。

在我刚成为母亲的时候，我记得宝宝需要食物时，乳房竟然会自动分泌乳汁，这让我惊叹不已。以前，乳房于我而言只是美丽和性感的存在，如今我发现它们其实是用于哺育女儿的高贵资源。这种和自然的连接让我感恩，对这具身体在不需要任何特别刺激的情况下就知道该怎么做的能力，我更是感到无比敬畏。那是我第一次把自己看成了动物。从本质上说，我就是一个载体，大自然利用我补充和发展自身。意识到这一点并没有让我觉得自己渺小，相反，我感到很兴奋。我发现自己和母狮子、母猩猩、母鸡在某些方面并无二致。正如这些动物生来就要哺育和供养它们的后代一样，我的身体也是为供养而生的。这让我觉得自己能够维系生命，充满能量，十分强大。我也是芸芸众生中的一员，和大地之母紧密相连。我们扎根在同一片沃土中，共同承担着开花结果、孕育后代、生生不息的任务。

虽然这种生理构造使女性天然成为给予者，但文化却将女性塑造成必须无私奉献、就连童年时期残存的一点点自我意识都要一并奉献的角色。文化把我们的人生描绘成一个令人窒息的任务。充分认清自然馈赠和文化挟持的区别，是女性觉醒的关键。

女性天生愿意帮助他人，但文化非但没有让我们感受到这种力量，反而削弱了我们感受这种力量的能力。在意识到女性的包容和养育本能后，人类文化利用我们的天赋，限制了我们的自由。

那么，我们该如何既遵从天性又不至于迷失自我呢？如何在不放弃真我的前提下真心给予、坦然接受呢？除非我们能觉醒，意识到文化挟持了我们的自然生理特性，把我们带上了一条有害之路，否则，我们会永远在这种文化环境中浑浑噩噩、处处被动、甘受压制。

大自然希望我们在认识自我后获得力量，而不是毁灭。我们的觉醒过程就是要认识到什么是无条件的、自然赋予的，什么是有条件的、后期养成的。

大自然无意让我们迷失，它希望女性能够全面展现真实的自己，所以才会让我们自己选择生不生孩子。如果我们选择不生，它也不会惩罚我们。大自然是中立的，它完全承认，物种在进化的过程中存在天然的制约和平衡。有些人会生很多孩子，有些则不会。这当中并无好坏之分，大自然并不会评判，一切随缘。然而，文化就没有那么中立了。文化往往认为，成年女性如果不生孩子，就算不遭到彻头彻尾的羞辱和排斥，也会经历某种程度的尴尬。这种观念来源于文化的渗透。它渗入到生活中的方方面面，让我们无处可逃。相反，大自然认为每个个体都是不一样的，不要求他们走同一条道路。文化羞辱多样性，而自然颂扬多样性。

对我们生物学特征的认知是理解所有其他事情的根源，因为这种生理结构赋予了我们养育、照顾、共情以及彰显性别特征的能力。要想从心理上、文化上和精神上全面了解自己，我们必须首先了解自己的生物学特征，了解这种特征是如何让我们屈服于父权制度的统治的。

阴道，不仅是我们身体上的一个开口

在大自然的设计中，阴道具有接受男性阴茎的能力，同时也是新生儿来到这个世界的门户。阴道是被动的，因为它是接受方；但它同时也是主动的，因为它对孩子的诞生至关重要。由于身兼双重角色，阴道谱写着一支混杂了无为与有为、接受与给予、牵引与推挤的曼妙歌舞。这样的舞蹈我们天生就会。在古代，群居的部落十分重视这种特质，女性拥有很高的领袖地位。但在父权制的现代社会中，我们彼此孤立，并未因天赐的本能而得到肯定，反而遭到无端的谩骂。

我们不能因为阴道是隐蔽的，就忽视和否认它的存在。大自然从未教我们避免提及阴道，是现代文化教会了我们。在现代社会，人们反复教导女性要压抑、拒绝谈论任何有关性的话题。如果我们按照本能行事，就会被社会冠以“坏女人”的名号。关于性教育，女性学到的第一条原则就是避免谈及阴道。

我从小就相信，阴道是一个“不可接触的区域”。如果我们不去克制自己的性欲，就是“坏”女孩。我们谈性色变，否认性欲的存在。这样做，我们根本无法了解自己的身体，更别提主宰自己的快乐了。

我们否认自己的力量，部分原因就在于，我们忽略了阴道给予我们的力量。我认识的大部分女性都和自己的阴道断绝了联系。我们当中很少有人想过和它建立亲密的关系，因为别人告诉我们，这么做就像个妓女。

你和你的母亲谈论过性的问题吗？她有没有带领你熟悉自己的阴道，并教导你如何将性的欢愉掌握在自己手中？我肯定母亲和我没有过这种对话。直到很久以后，我才靠自己逐渐发现了这片对我而言完全未知的疆土，并渐渐将性交的欢愉牢牢地掌握在自己手中。

性交没有快感是一回事——毕竟，这与另一个人的配合有关；但被人洗脑，认定身体的部位只要与性有关就必须尽量回避，就是另一回事了。这二者都是在否认和拒绝我们内在和天生的需求，但后者则是在拒绝接纳本就属于我们身体的一部分。当我们被教导要避免谈到身体的某个部位，好像它不存在一样时，我们在潜意识中就把那里当成了自身“不好”的一部分。这其实是在舍弃和否认自己的本质特征，所以必然会导致内心的脱节，而这种脱节往往会悄无声息地渗透到我们生活中的各个方面。

阴道是人类生命的发源地，也是我们性权利的源泉。忽视它可以带来的诸多快乐，本身就是暴殄天物。去了解、熟悉我们的阴道，实际上是在重新夺回我们对性别身份的认同，而这一点恰恰是我们的文化极力反对的。我们要明白，女性一旦掌控了自己的性能力，她除了需要男性协助生养后代，其他的就不再需要他们了。女性一旦夺回了阴道的力量，就等于宣布自己从父权制的统治下彻底解放了。这样的女性不容小觑。赞扬阴道，赞扬阴道赋予我们的力量，可以说是在唤醒一场女性的解放运动。

女性已经习惯相信，阴道存在的唯一目的就是成为一块谱写他人欢愉的画布，而这种欢愉主要指的是男性的享受。这也是阴道得以合法存在的理由。而这样的信念其实是我们压抑的根源所在。把自己看成只能为他人带来欢愉的人，这么做其实是拱手让出了性解放的钥匙，甘于在父权社会中低三下四、自轻自贱。

通往性关爱和性解放的道路始于对阴道的认同和主宰。阴道不仅仅是我们身体上的一个开口。它也不是我们口中语焉不详的“那个地方”，那个需要用熨烫整齐的裙子和优美交叉的双腿藏起来的地方。它是生命的诞生地。没有阴道，也就没有生命，因此，我们的身体也是我们后代的载体。围绕阴道构筑的一切，不仅是为了孕育生命，也是为了给我们带来欢愉和幸福。只有充分认识到阴道存在的意义，我们才能充分认识自己——不仅是从生物学层面上，而且是从心理上、文化上和情感上充分认识身为女性的自己。

当我们理解阴道包含了奴役和解放我们女性的线索时，我们就能全面启航自己的人生旅程。觉醒，就意味着对自己的每个部分声明主权、拥有权力。这不是凌驾于他人之上的权力，而是深藏于真我之中的力量。

首先忠于自己的真实感受

通过阴道，女性拥有了提升自己和伴侣性交体验的力量。她越包容开放，就越能够享受阴道带来的愉悦，并给伴侣带来极大的快乐。然而，阴道也是她最脆弱的部分，不得不屈从于雄性攻城略地般的征服。阴道的入口并没有一道安全门，男性如要强行进入，她便只能委曲求全地变成他的猎物。因此，她必须严加守护。令她们懊恼的是，每个父母本能地知道女儿的弱点。她可能会抗议自己没有兄弟们的自由，但父母会让她安静，因为他们知道，女儿可能随时身处险境，而儿子则永远不会。

阴道拥有给予和释放欢愉的巨大力量。获得解放的女性了解这种力量，能够明智地选择给谁这种欢愉。当她以极大的谨慎和洞察力来行使这种选择权时，她就从屈从转为主宰了。

除非我们有意识地唤醒自己性高潮的潜能，否则，我们只能继续被动地为他人服务，总会感到怅然若失、茫然无措。发现了自身“饥渴”一面的女性会明白，服务他人的欲望必须要源于她服务自己的愿望。当她明白，只有首先忠实于自己的真实感受，才能忠实于他人的感受，才会扭转局面，开始成长。现在，她可以二者兼顾了：既能保持作为养育者和照顾者的自然天职，又能专注于自身的成长和进步，让自己变成一个有血有肉、有需要有欲望的完整灵魂。

一旦受孕，我们的身体会如多米诺骨牌效应一般，发生一连串错综复杂的变化。这时，女性承担起了孕育胎儿的神圣责任。我们吃下的食物变成了胎儿的食物。我们的血脉与腹中的胎儿融为一体。我们的身体会逐渐适应另一个生命——有时还不只一个。我们会本能地膨胀自己的躯体以满足容纳和孕育胎儿的需要。

当分娩开始时，身体会启动一种新的舞蹈，而且不可逆转地与另一种舞蹈交织在一起。子宫里长达九个月的孕育生涯改变了我们的身份。我们越早埋葬过去的自己，越早拥抱为人母的身份，我们受到的创伤就越少。数月怀胎让我们因旧身份的逝去而哀伤，同时也因新身份的到来而欣喜。

只有全面接纳我们从生物学角度的母性身份，我们才真正有机会摆脱文化的奴役，拥有主宰自身的力量。当我们认识到自己在孕育、分娩和抚养后代方面的惊人潜力时，我们也能认识到自己的力量。一旦认清我们的身体为了满足哺育后代的需要是如何进行适应和转变的，我们也就能与宇宙间的这股自然之力保持同步了。我们会把自己看成大地和海洋——那是一个家，一个花园，一个避难所。我们逐渐与宇宙万物的诞生产生了共鸣，并逐渐认识到这种天赋的神圣力量。然而，文化却以一种极端的方式禁锢了我们的思想，诋毁了我们的身体，抹杀了我们与这种神圣力量的联系。觉醒的女性会重拾大自然早已为她们准备好的天赋，并以此去解放她们的姐妹、女儿，让她们走上同样的解放之路。

所有女性，无论是做母亲的还是没有做母亲的，内心都有一种直觉和智慧，知道母性的力量。正是这种认知让我们能细心、投入地照顾年幼的后代。理解了这一点，也许我们就能在生活的其他领域对其加以利用了。正如我们的身体能够成为孕育后代的沃土那样，我们也可以成为滋养自己的沃土。即便一个女性不生孩子，她仍然充满母性的情怀，无论对她的朋友、长辈、宠物、其他孩子，还是对她内心的真我，都是一样。

所有女性都拥有母性的情怀，无论是在生理层面还是在社会层面上，我们一直都拥有这种潜力。因此，无论是否生孩子，我们都要记住身边那些母亲的母性力量，也包括我们自己的母性力量。只有接纳和拥抱这种母性的力量——尤其是我们自己的母性力量——我们才能开始摆脱对他人的依赖。

通过接纳自身卓越的养育能力，我们能将这种母性的力量牢牢掌握在手中，从此结束对外部世界的心理依赖。这样，我们会迈入一片神圣领域，用新的眼光看待自己，用我们一度认为只可能从外部世界获取的价值认可来哺育和滋养自己。

顺应内在的化学力量

当一个觉醒的女性面临选择，是要关注内在还是要关注外部时，她永远都会选择首先关注内在，然后再关注外部。在对另一个人做出许诺之前，她会不断地审视自己，审视原生家庭自童年时期带给她的影响，然后斩断这种影响，掀开被埋藏的真理。她会向所爱之人宣布，她由衷地渴望为对方尽心尽力，发自内心地关爱和照顾对方，但同时也要永远听从自己内心的声音。而闯入她生活的那位爱人，尽管一开始不太情愿，但最终会接受这一点，因为她的话发自肺腑，并不会因为其他人的观点、批评甚至威胁而动摇。

女性的觉醒，部分来自对我们的身体和性本能的认知和开垦。重新主宰我们的身体，意味着重新理解这具身体的自然节奏和周期。以月经周期为例。我们基本上遗忘了月经周期的高峰和低谷。在这个周期的每个阶段，我们体内的激素水平都会出现巨大的波动，但我们并未想过去适应这种波动，去与之合拍。结果，我们违背了身体的自然节奏，而这种不合拍会对我们的心理产生负面影响。

我直到开始母乳喂养时，才真正注意到激素对我的心理产生的巨大影响。如今我已接近更年期，在和许多朋友谈论这件事时，都提到过应该顺应这股内在的化学力量产生的巨大影响。这种独一无二的激素让我们具有女性的特质。每个月，我们当中大多数女性都会受到这种激素的巨大力量的影响，引发情绪乃至食欲的波动。我们体内的雌激素与身体相互作用的复杂方式深刻地影响着我们每天的情绪。

我们先从避孕药这个话题开始怎么样？1960 年，避孕药问世，标志着女性开始了一种全新的生活方式。在某些方面，它解放了女性；而在另一些方面，它也诱捕了女性。它让女性有了更多的性行为，而意外怀孕的风险更低。它让女性能够更好地掌控自己的月经周期和性需求。如今她们可以制订自己的生育计划，不再依附配偶，在职业生涯的规划上更是想工作多久就工作多久。越来越多的女性开始接受大学教育，收入也变得更多。她们的结婚年龄也逐渐推后。她们有了更多的选择自由。

然而，任何事物都有两面性——好的一面和不好的一面。避孕药也是如此。它的优点自不必说，缺点也很明显：它让我们脱离了身体的自然节奏，这其实是有不良后果的。违背自然的意愿行事，总是要付出代价。许多女性都抱怨使用避孕药后会出现体重增加、腹胀、严重的经前综合征、易怒和偏执等症状。无论如何，这对我们而言都不是好事。觉醒的一种表现就是能开展研究，全面了解激素的作用，并做出理性的选择。总而言之，我们要确保在任何情况下，都不会不全面了解利弊就盲目地做出选择。

当我们开始主宰自己的身体和选择时，会以一种更有力的方式主宰我们的欲望。这样一来，我们就能从父权制带来的压抑中解脱出来。性不再是一个肮脏的词，在我们的思想中，性行为也不再是一种可耻的体验。只有清除掉这些有毒的理念，才能结束自己对男性或其他人的依赖。

当我开始主宰自己的欲望时，我发现自己不仅能更好地感受到身体的信号，也能更好地接受它的反应，这让我从心底尊重和赞美我的身体，也让我对性产生了全新的认识。如今，我仍然在不断地探索自身的潜力和欲望，而这一切完全源自内心的渴望而非文化的要求。

一个能充分欣赏自己的身体、欣赏这具身体拥有的不可估量的天赋和财富的女性，本身就拥有了强大的力量。一旦她全面领悟到身体的奥秘和神奇之处，她就超越了这具肉身，能够拥抱它带来的奇迹。除了会欣赏外表的美丽，体验性带来的欢愉，女性能够关爱和哺育孩子这件事更是一种无与伦比的壮举。一旦她能理解身体蕴含的潜力，并完全认同这种潜力的价值，她就能与自己的内在力量建立亲密关系了。现在，她终于明白了自己的力量和优势，并开始将其转化为不可撼动的能量。她将势不可挡。她终于找到了真实的自我。

一旦这种深刻的内在转变发生，就再没有什么能阻挡一个主宰自己身体的女性了。她拥有了自身的一切，不再觉得亏欠他人。她会无所顾忌地投入自己的新生活，任何人都无法阻拦。

第11章

两种不同的生物心理

它不停地吵嚷着求关注、求照顾
它挺立着，渴望攀上巅峰，获得满足
它把那具躯体挟为人质，逼他四处狩猎，平息欲火
他丢盔弃甲，失魂落魄，甘愿为奴
困在欢愉和痛苦交织的冰火地狱里，反反复复。

大多数有儿有女的父母对不同性别的孩子之间的天壤之别都会感到惊讶。也许，这是他们第一次认识到男女之间的差别竟有那么大。从有形的方面看，男孩和女孩显然都有其独特的构成方式。关于他们的心理差异，尽管有些内容可以从文化的角度解释，但更多的则完全可以从生物学的角度找到原因。如果我们想充分认清自己的性欲，认清性欲和人性的关联，那么理解这些生物层面的差异就是关键。

所有这一切都始于男性，男性在大自然中担任着繁衍的重任。也可以说，男性握着繁衍的指挥棒。大自然赋予了男性和

女性彼此互补的角色，每一方都在异体繁殖体系中扮演着特定的角色。认清各自的角色，认清大自然对这些角色的设置，可以让我们更好地理解这种角色差异如何塑造了我们的心理，如何让我们在文化潜移默化的影响下产生分歧。让我们从男性的高潮射精开始，探究生命的最初起源吧。

要理解两性在异体繁殖体系中有什么不同，我们首先要理解这样一个事实：几乎100%的男性在每次做爱时都能达到高潮。虽然大多数女性都有达到高潮的能力，但一系列研究表明，大约只有40%的女性表示自己在做爱时“几乎总能”达到高潮。即便如此，各类统计数据并不一致，因为这些统计受到诸多因素的影响，比如女性是否处于热恋中，或是否觉得自己与伴侣感情深厚。

我在自己的性经历中就注意到了这一点。做爱时，我总是在不停地寻找那个该死的G点。我不停地伸长身体，等待高潮的来临，而我的男性伴侣却拼命地不想高潮。观察到这一点，真令我着迷。为什么一方会那么努力地想要达到高潮，而另一方却那么努力地不去达到高潮？究竟是只有我这样，还是几乎所有女人都这样？为此我专门做了一些研究，并对女性想要达到高潮遭遇的普遍挑战深感震惊。

问题是，这种差异到底意味着什么？

也许是大自然造成了这种差异。会不会是因为雌性在异体繁殖体系中的角色与雄性不一样？男性被赋予了承载和撒播数百万精子的责任。伴随这种责任而来的是欢愉的保证。他很快就能兴奋勃起，很快就能达到高潮。如果他无法保证获得欢愉，就不会轻易去执行大自然定下的生育命令。如果他执行了大自然定下的繁殖计划，会获得何种奖赏呢？奖赏就是强烈而欢愉的性高潮。

想想看，在男女这种二分体中，要想繁殖，只需要一方高潮射精就够了。如果大自然让双方都必须达到高潮才能繁衍后代，就会让男女双方都得成为积极的一方。然而，大自然深知，良性健康的平衡需要既有主动也有被动，需要既有阳也有阴。大自然赋予男性积极的角色，赋予女性消极的角色，调和才是生命之舞的关键。

在这支生命之舞中，女性扮演的是被动的角色，不需要高潮就能繁殖后代。只要女性处于生育期，不需要高潮也能受孕。除人类以外的其他动物会通过释放信息素、发出特殊的叫声等方式宣告生育期的到来。大自然让女性每个月只有某段时间能够受孕，以此提供保护。也就是说，女性的一生中，能够受孕的时间是有限的。如果她正处于生育期，并接收到男性的精子，就可能会受精怀孕。而男性的情况就不同了。男性随时都可以排出精子，只不过，他必须通过高潮来射精，才能繁殖。

因为男性有获得欢愉的保证，因此他比女性更想寻求这种快乐。在寻求的过程中，他自然而然会动用自己的掠食本能。在动物王国中，雄性的掠食本能非常普遍。然而，就我们目前所了解的，在除人类以外的动物王国中几乎没有强奸，更不用说现代社会中的其他性变态行为了。是文化扭曲了性行为的自然方式，形成了一种有害的男子气概，肆无忌惮地对女性进行侵犯和掠夺。

在生物学背景下理解男性

男性的阴茎通常被称为男性的第二大脑。它通过神经网络被唤醒，可以完全违背大脑的理性意识。我无法告诉你，有多少男性在向我寻求治疗时向我坦白，他们经常对自己轻易就能勃起以及勃起太频繁而感到尴尬，因为很多时候这完全违背了他们的主观意愿。研究表明，男性平均每天约发生十一次勃起，其中有许多发生在夜间，而且经常在没有任何明显性刺激的情况下发生。

为了确保物种的繁衍，雄性必须能快速、经常地进入性兴奋状态。那么，大自然是如何安排这一切的呢？她让男性对视觉刺激的反应比女性更加敏感。这种差异就是我们经常嘲笑某个男性的目光“游移不定”的原因所在。如果我们能充分理解他们的目光为什么会游移不定，会发现绝大多数雄性——或者说男性——根本就是无法自控。

读到这里，让我们稍微停一停。你对前面的这些文字产生负面印象了吗？你有没有觉得这些说法实在是“扯淡”呢？如果有这种看法，阅读下面的文字对你而言就越发重要了。以前，我也和你一样有这种看法。每次我看到男性朋友从迷人的女性身边擦肩而过总忍不住转头欣赏时，都会嗤之以鼻。我会在心里给他们贴上“轻浮”的标签，甚至觉得这是对我的轻视。直到最近，在我做过这些研究后，我才从生物学的源头对这种现象有了更深刻的认识。许多女性存在和我之前类似的看法，是因为我们从小就形成了一种误解，认为我们是人，不是动物。当我们忘记自己其实也是动物时，就会忽略这种天性的本能，并为此深受其苦。

男性天生对视觉刺激十分敏感。这是受他们体内的神经化学物质驱使的。如果没有认识到这一点，女性会认为男性的某些做法是在故意伤害她们。这其实并不是事实。

我的一个朋友告诉我，有一天他走进电影院，有那么一瞬间，他的目光一下子被一位刚走出电影院的女性吸引住了，忍不住转头去看。虽然只有短短一秒钟，但他妻子见到这个场景，愤怒地朝他尖叫："你这个色狼！"他赶紧向妻子解释说他刚才还以为自己认识那个人，他妻子完全不买账，冲出电影院，径自打了辆出租车回家去了。那天晚上以及之后的很多个晚上，他妻子连碰都不让他碰一下。

你知道有多少男性曾向我抱怨过类似的争吵吗？只要盯着另一个女性看得久一点，妻子或女朋友立刻就会非常不高兴。他们只好垂下眼睛，假装没有注意到那位迷人的女士，而他们其实只不过就是想盯着看看而已。对他们而言，这就像我们女性看到美丽的鲜花或迷人的日落时产生的感觉一样。

女性不明白，男性对女性形体的着迷是天生的。我也是活了几十年后才明白这一点的。我们以为，当男性转过头去看迷人的女性时，是有意这么做的，因此，我们将其视为一种对自己的侮辱。大错特错！这些都和生物本能有关。大自然需要雄性不断为自然的召唤做出反应，因此他们很容易兴奋起来，这样他们才能尽他们的“本分”。但女性在评判男性时，却从不关心他们在欲望本能的重重包围下生活的真实情况。

男性的基本生理任务就是睡觉、吃饭和做爱，女性也是一样。不同的是，性方面的任务对我们而言并不是一个负担。我们的排卵周期大约为二十八到三十天，而男性的激素周期为二十四小时。这使得男性相比女性更容易感到兴奋。男性的性刺激是由睾丸激素（也叫“睾酮”）控制的，大多数男性的睾丸激素是女性的十到五十倍。这种激素可能导致两性在各个方面的不同。睾丸激素在男性血液中的流动速度非常快，这一事实意味着他们被一种与女性完全不同的思维模式包围着。

催产素，俗称“亲密激素”或“爱意激素”。这是因为，当人们依偎在一起或进行社交活动时，就会释放催产素。由于催产素在男性和女性身上起到的作用不同，女性和男性对性爱的反应和理解也完全不同。对女性而言，性爱与亲密程度有很大关系。也许女性的大多数行为都会涉及亲疏关系。催产素水平高低会促使女性选择优先考虑亲密关系或亲情关系。例如，身体在分娩时会释放催产素，这让母亲能与孩子建立起特殊的连接并全心照顾他们，而男性绝不会体会到这一点。同样，女性也无法体会到男性对性别和性欲的感受——很显然，男性并不像女性那样渴望亲情关系。

我还发现，我们在任何时候都需要考虑激素之间复杂的相互作用。对于这个话题，我在本书中仅仅一笔带过，只是希望你能注意到这一点：男性和女性在本质上有多么不同。

许多男性都向我提到过这种感受：他们寻找性慰藉就像寻

找食物一样。他们想说的是，正如我们在饥饿时会产生肉体上的痛苦一样，他们也会因为性饥渴而产生肉体上的痛苦。这并不是出于有意识的选择，而更多的是生物的本能。这种冲动就像到处寻找一家供应某种特定菜肴的餐厅一样。我们会嘲笑那些总是嚷嚷肚子饿的青少年吗？我知道自己肚子饿的时候会变成什么样。我会烦躁、易怒，举止幼稚。我恨不得抓到什么就吃什么。当我明白饥饿对我的影响，并将这种饥饿感与男性的性饥渴联系起来之后，我就能理解男性的性激素是如何对他们产生影响的了。

有了这样一层理解，我对男性产生了一些共情。我承认，作为女性，我虽能感同身受，但永远也无法完全体会男性的真实感受。不过，我更多的是产生了一种帮助他们调节这种性饥渴的冲动，而不是羞辱他们。正如男性永远不会知道月经、怀孕、阵痛、分娩或哺乳是什么感觉一样，女性也永远不会知道男人被那股蠢蠢欲动的性欲俘获意味着什么。理解这一点，是我们重新解构男女关系、摆脱文化束缚的关键。

当男性总是欲求不满时，女人常常会心烦意乱，会抱怨他们精虫上脑，甚至把他们比作色狼。有时候，我们产生这种沮丧情绪不无道理。毕竟，我们是猎物，是被索取的对象，这可能会让我们感到失去自尊。事实上，许多女性也会羞辱男性的生理需求。我们不理解他们，所以总是诋毁他们。如果我们开始理解他们的需求，就会搭起一座沟通的桥梁。当然，在有些伴侣之间，女性一方的性欲更强。这种情况并不罕见。我只是基于全球大多数女性和男性的经验来看，认为男性的性欲普遍比女性更旺盛。

对男性天生不同的认知会让我们产生同理心和共情。我们不再把他们看作与我们作对的敌人，而是同样面临挣扎、需要我们理解的同伴。我们不再把他们对女性的性欲看成对女性价值观的冒犯，而会在生物学的背景下理解这种需求。

我们的兄弟们、儿子们都需要帮助。他们需要重新学习和理解自己的身体和欲望。当他们进入青春期、开始感到春心萌动时，不该为此感到羞愧，而是要尊重和赞美这种变化。他们会因此逐渐形成一种新的认知，将自己和伴侣视为大自然的一面神圣的镜子。这样的认知不会伤害任何一方，只会让彼此得到提升。

不能再假装自己需要对方

卵子如黄金般宝贵。女性平均每个月排出一枚卵子，一生中排出的卵子数量是有限的。这些卵子从女性出生就在体内，随着年龄的增长逐年减少。男性整月都处于繁育状态，而女性只有在这枚黄金般宝贵的卵子被释放出来时才有繁育能力。这足以说明她的生育窗口期有多么重要。而这枚卵子将与谁结合，至关重要。

女性的排卵期并不能从表面上看出来。只有她自己知道这个生育窗口期是否打开了。大自然以这种方式保护女性，让女性能够掌控自己的生育能力。女性要仔细选择谁能得到这枚黄金卵子。不是每个人都值得拥有这个机会，只有我们认为最适合的那个人才能如愿。这就解释了为什么在自然界里，雄性总是追求和引诱雌性一方。雄性需要经过激烈的竞争，才能抢来一次让这枚黄金卵子的主人受孕的宝贵机会。

当我们理解了这一事实，理解了男性和女性的自然天性，行为就会大不相同。然而今天，女性为了吸引男性的注意，会不断彼此竞争。事情怎么会变得如此黑白颠倒呢？如果我们能理解大自然的本意，就会停止这种竞争，不会扭曲自己来引诱男性，相反，我们会明白自身的价值。

如今，我看到太多的年轻女孩化浓妆、贴假睫毛，在脸颊和嘴唇上注射肉毒杆菌，去肋骨，隆胸……所有的努力都是为了和其他女人竞争。为什么？为了吸引男性的注意。在这场竞赛中，女性把自己的权力拱手让给了父权制。我们无情地和其他同类竞争，不惜用各种不自然的形态和伪装掩盖真实的模样。我们没有意识到这样做反而削弱了我们的力量，降低了我们的价值。我们对此还自得其乐。虽然这些审美有待商榷，但更确定的是，我们其实是在贬低自己的内心，把自己卖给出价最高的人，这样做正好落入了父权制的圈套，甘愿受控制。现在，你能看出我们是如何亲自参与了征服自己的行为的吗？

这种形势需要扭转。我们不能再假装自己是需要对方的人。男性对我们的需要，丝毫不亚于我们对男性的需要。为什么要自降身价，然后抱怨自己成了被物化的对象呢？当我们认同自己的价值，发现自己值得被崇拜时，我们就会要求并得到应有的尊重。我们需要明白，也许从生物学的角度上看我们并没有那么有力量，但我们的体内有维系生命繁衍最重要的东西——卵子。

不要将男性的掠食行为误认为关爱

我在六七岁的时候就意识到，虽然不知道具体该怎么做，但我必须保护自己不受男性的伤害，我要成为一名忍者武士。到十二岁时，我已经遭到过两个男性亲属的猥亵，在公共汽车上、火车上以及家中更是遭遇过多达几十个陌生男性的骚扰。因为拥有我们国家的人梦寐以求的眼睛颜色和肤色，我受到了过多的关注。当我进入青春期，乳房微微凸起时，我就成了无数男性追求的目标。我受到的关注超出了一般小孩子能承受的程度，这让我对男性产生了一种戒心。

我的母亲并没有注意到我的遭遇。她并不知道我成了年轻男孩和成年男性下手的目标和现成的猎物。她怎么就看不见呢？后来我把自己的经历告诉了她，她吓坏了。她没有经历过我在成长过程中受到的那种恼人的关注，因为她一直有父母严加保护。在父母的层层庇护下，她承受的是另一种压抑。她意识不到现实社会里的男女关系，也意识不到她需要保护我免受周围男性因其掠食本能对我造成的伤害。

当一个特别喜欢动手动脚的男性亲戚在我家借宿过夜时，我会用毯子把自己从头裹到脚，躺在那里一动不动。这么做根本不管用。不过，我并不是好欺侮的。有一次，我猛地把对方推开，踢了他的小腹，然后跑进了我母亲的房间。后来，我警告他说要告诉母亲，但他还是不肯收手。他了解我的性格——早就把我看透了。我心肠太软，不忍心让父母伤心，不肯让他们因为我而焦虑不安。我早熟，知道心疼父母。我认为自己够成熟了，应该独自处理这些伤害，而不是给他们添麻烦。我凭直觉认定他们应付不了这种事。我没有张扬，始终保持沉默——这意味着那位猥琐的亲戚没有得到惩罚。

这些男性，就像他们对全球数百万女性做的那样，肆无忌惮地对一个手无寸铁的年轻女孩下手，这实在令人气愤。然而，不仅如此，更为可悲的是，我们的母亲、其他女性长辈、学校的女老师都没有告诉我们该如何应对。没有人告诉我，我是猎物。我真希望有人能向我解释这一切。我真希望有人搂紧我的肩膀，深情地看着我，告诉我："你是个女孩，将来会成长为女人。从现在到老去，你永远是被掠食的一方。并非所有的男性都把女性当成猎物，但很多人如此。认清这一事实对你有好处。这会给你力量。你不用感到难过——这只是自然规律而已。认清这一点，你就不会措手不及、毫无防备。你要时刻保持警惕，要明白即使加强防备也难免还是有人会心怀不轨，所以，要努力做到既保全自己又手段高明。一旦发生类似的情况，你就要向你的姐妹或女性同伴求助。是的，你应该寻求帮助。你一定要说出来，揭穿真相，这样才能抵御这些侮辱行为。成为猎物或者受害人并没有什么可耻的。发生这种事并非你的过错。因为你身材瘦小，面对一个管不住自己本能的男性，根本无力抵抗，只能变成猎物。但是，你没有必要当一辈子受害者。"啊，我多么希望有人能冷静、客观地分析我的这些经历，让我自由地表达心中的困惑啊！但文化并没有给我表达的空间，所以，我在这里写下这些话，希望母亲们、女儿们在遇到类似的经历时能有不同的处理办法。

我这么写是在认可那些掠食者吗？当然不是。你还不明白吗？这和掠食者无关，而是和我们这些猎物的觉醒有关。认清女性在生活中的实际状态，就能真正做到解放自我。保持沉默、姑息隐忍的做法是错误的。我知道，把自己描述成猎物的说法可能会激怒你——然而，我们是猎物，并不等于我们就是受害者。把自己说成受害者，就是心态问题了。我小的时候沦为那些掠食动物的受害者的事情是真的，并非凭空捏造。但是，那段经历已经过去了，我并没有因此活在受害者的阴影中。正如我之前说的那样，犯罪事件的受害者（我们当中很多人的确是这类受害者，没必要隐瞒）和活在受害者的阴影中是有很大区别的，我们必须分清楚这一点。

动物被我们贴上掠食者或猎物的标签，它们并不会抗议。这些标签只是指出了谁是猎手，谁是猎物。除人类之外的其他动物都明白自己在食物链中的位置，很多情况下它们似乎也接受这一事实。在这种认知的基础上，它们进化出了敏锐的感知器官和高超的狩猎技巧。它们凭借某种令人惊叹的智慧保护着它们的幼崽，照料着它们的族群，而它们这么做正是出于对自己身份的本能认知。当然，有些男性从没有掠夺过女性，对我的说法自然不完全认同。但我的重点是，雄性天生是掠食者。无论是否采取行动，它们天性中的感官系统总是在搜寻对自己有吸引力的雌性。

大多数女性都讨厌成为猎物，厌倦了被捕猎的伎俩。这是一种彻头彻尾的疲惫感、挫败感，有时甚至是愤怒。这不仅让我们蒙羞，还让我们变得脆弱。无论这种行为是直接的还是间接的，事实就是，我们总处于被掠夺的状态。让我们花点时间好好想想吧，女性被男性骚扰、侵犯的情况还少吗？杂货店、健身房（特别是健身房），还有飞机上、购物中心里、俱乐部里、公司里……无论走到哪里，我们都是猎物。我们经常能感觉到有人在盯着我们，有时还能感觉到某只手在摸我们。男性能体会到这种一直被人当猎物盯着是什么滋味吗？他们能吗？

有一天，我和两个朋友乘电梯。这时，一个年轻人走进了电梯。他一边低头看着手机，一边悠闲地走进来，站到我们中间，连头都没有抬一下。当他走出电梯时，我和那两位朋友不禁为他在三个女人包围下的那种轻松自在而感到惊讶。我们三人都知道，如果情况颠倒过来，我们当中某一个走进了站着三个男人的电梯里，那我们的感觉会大不相同。我们有多少次因为害怕抄近路要走小巷而宁可绕远？我们有多少次夜晚从公园里经过看到迎面走来的是女性而非男性时，暗暗松了一口气？

在某种程度上，男性知道自己是掠食者。他们也知道，自己位于食物链的顶端。知道这一点，对他们而言一定是一种巨大的解脱和自由。我甚至无法想象这种自由是什么滋味。女性需要时刻保持警惕。这是作为女性的命运，越早抛下受害者的心态接受这种现实，对我们越有好处。

尽管知道自己是猎物，但女性仍然没有充分认识到自己是如何变成猎物的。如果我们已经感到有一个人在盯着我们，最好清醒一点面对现实：还有十个人在盯着，只是我们没意识到他们的存在而已。充分认清这一点，我们就会在遇到危险时尽可能地团结我们的姐妹，增强自己的力量。我们并不知道会遭遇什么情境，所以，当这些不愉快的事情发生时，我们要大声地说出来，要求得到帮助。

有许多女性误以为掠食行为是一种关爱。她们会想："哦，他太迷恋我了。他觉得我很美，所以对我一定是真心的。"或者会暗暗想："我认为他是因为喜欢我才给我买花的。"我们没有意识到的是，这些其实都是掠食的一部分。他对你的喜爱并不一定会比对下一个猎物更多。在他眼里，追踪女性和在自助餐厅排队取餐并没什么不同，而他只是在顺着队伍去找陈列在那里的食物。我知道这个比方令人不适，但如果你问问大多数男性，他们会承认这是真的——我是说，问问单身男性。结了婚的男性可不会这么说老实话，那等于找死。

很多时候，我们误以为男性的关注意味着他在乎。当他追求我们时，我们相信他是真的感兴趣。当男性和我们有了肌肤之亲后又抛弃我们时，我们会伤心欲绝。我们几乎没有意识到，自己从未被真正关心过，只是被掠食。这个残酷的事实令人难以接受，却至关重要，我们一定要告诉自己的女儿。

由于不了解掠食的本质，女性会被那些出轨的男性骗得团团转，或者在看到所爱的男性移情别恋时痛不欲生。我已经记不清有多少女性来我这里倾诉她们和异性约会的不愉快经历了。她们就是不相信，男性会在和她们有了肌肤之亲，甚至同居了一段时间后还移情别恋。这些女性就是理解不了，认定这种情况只是自己遇到的个例，为此痛哭流涕、彻夜难眠、焦虑憔悴。如果能全面理解男性的心理和生物学特征，我们就不会浪费时间伤心哭泣了。我们会武装自己，尽量不被掠夺。我们会更仔细地辨别亲热的对象。我们会提出正确的问题，而不是被玫瑰和甜言蜜语迷惑。我们会理解猎手的本质，聪明地扮演好自己的角色。

即使找到了真正值得托付终身的心仪对象，我们也不该在没有充分理解事情本质的情况下贸然投入。由于我们觉醒了、进化了，这位值得托付终身的追求者将会是一个理解了自身的男性心理和生物学特征，并能完全控制本能的人。这样的男性，绝不会在不表露意图的情况下利用一个女性。

很多女性都声称自己被男人欺骗过，究其原因，是太过天真。女性陶醉于男性的甜言蜜语，却没有意识到这只是对方达到目的的手段。这个世界上，人人都是这样的吗？未必，但很多如此。

我写这些并不是想揭露男性，只是想请女性朋友明白，当她们感到被拒绝时，到底发生了什么。在很大程度上，这与她们个人并没有多大关系，反而与掠食者—猎物之间的本质关系密切相关。我们理解了这一点，痛苦就会少得多。

理解了男性伴侣的生物学特征，就意味着理解了我们打交道的对象。这件事由不得我们喜欢还是不喜欢，这就是我们要面对的现实。理解能让我们做出更有主动权的选择。理解了与我们共享同一个星球的男性，就能更多地运用智慧守护自己，从而获得内心的自由。

夫妻相处的最大压力源

在研究亲密关系时，我发现，一些基本问题源自一种观点——男女对性的看法应该是一样的。对男女的内在构成了解得越深入，就越能认识到，这个观点实在是一种幻想。事实上，我们在男女关系中遭遇的很多痛苦，都源于这种“男女都一样”的错觉。

当男女进入一段亲密关系时，会自然而然地发现彼此的重大差异。这种情况在任何关系中其实都很常见，但在男女关系中尤其明显。正如我之前介绍的那样，男女天生差异巨大，当我们彼此无法理解时，需求就无法得到满足，就会陷入不满，焦躁不安。结果就是，或者向内侵蚀变得抑郁，或者向外扩散引发出轨和不忠。这种理解的脱节往往会让我们倍感痛苦。其实，根本问题并不是性本身的问题，而是我们想当然地认为彼此的感受完全一样。一旦认识到这一点，我们会发现大部分时候我们只是在自寻烦恼，问题也就会慢慢消失。

男女天生有别。也就是说，人类这种物种天生就有两种截然不同的形式——男性和女性。这一点不仅反应在我们的生理和性别差异上，也反应在我们的心理、情感和精神差异上。两个本质上如此不同的人同在一片屋檐下，又不去和群体中的其他成员交流沟通，这往往就是灾难产生的原因。

夫妻之间的契合程度低是导致关系失调、家庭暴力和离婚的根本原因之一。让两个差异如此明显、很大程度上又没有认识到这种差异的成年人在法律条文的约束下结合在一起，还要求他们永远彼此忠诚，无论彼此的育儿理念差异如何都要一起抚养子女，结果注定会失败。这就是大多数婚姻失败的原因所在，也是大多数已婚人士不重视家人，只顾着工作和社交的原因所在。

这是否意味着夫妻永远不能和睦相处呢？当然不是。我指出的只是普遍存在于夫妻之间的不满的原因，并不针对任何特定的夫妻。

如果夫妻之间乐于讨论两人的性别差异会如何影响彼此，乐于讨论这种差异将如何导致情感上的亲密或疏离，他们更可能有意识地去认识彼此的需求，会抛弃那些影响夫妻和睦的嫉妒心和占有欲，愿意寻求各种资源和协助，维护家庭稳定。

远离了部落，从以前众人分工合作的家族群居变成如今的小家庭独居，给夫妻双方都带来了很大压力。如果无法认识到这种变化，我们就很容易缺乏归属感，总是感到孤独。

就情感连接而言，和伴侣的亲密度不应该是我们追求的全部和最终目标。要求一个人能满足我们所有的情感，这本身就是不可持续的。对其中一些需求，我们可以时不时地从群体中的其他人，比如要好的朋友、工作上的伙伴那里获得满足。这其实是一种健康的发泄出口。我们将这些需求“外包”出去，并不是冷落伴侣，而是通过各种方式和渠道调整自己，以更大的热情和更好的心态经营亲密关系。

Part 4

关于爱、婚姻、育儿的真相

第12章

活在真相中，哪怕真相会带来痛苦

在谎言密布的迷雾中，我们无法了解真相
在包羞忍耻的泥潭里，我们无从体验主权
在口是心非的网络中，我们无力判断真伪
那么多我们一度深信不疑的事物都不过是假象
发现这一点后，我们就踏上了那条寻本求真之路。

文化中的谎言并不是从我们这一代开始的。这些谎言早就渗透到父母那一代的思想体系中，而他们的认识又源自他们的父母。我们的父母没有机会觉醒，不知不觉中听信了这些谎言，在养育我们的时候又将这些谎言灌输给了我们。但接下来发生的事情至关重要——我们将这些谎言内化成了自己的声音。现在，父母的教导变成了我们自己的声音。我们再也分不清哪些是别人的声音，哪些是自己的声音了。

女性迷失了自我，掉入一个个虚假信念的陷阱。我们天生就习惯于迁就和服从我们所爱的人，所以从不质疑。我们天真地跟着他们亦步亦趋，用错误的信念掩盖了真实的自己。

当我开始觉醒时，我几乎不敢相信其他思想也可能是对的。我从未想过自己的观点并非源于我自己的判断，只觉得自己就应该相信这些观点。只有真正意识到这些观点其实都是谎言，我才终于慢慢地摆脱它们。

我们被这些观念约束，就像鱼被海洋约束一样。我们甚至都意识不到自己受到了约束。我们从小就被灌输这些思想，自然而然地认为世界本该如此。如果父母告诉我们天上住着紫色的狮子，该向它们祈祷，我们也会照办；如果父母告诉我们世界是三角形的，我们也会深信不疑。

我很喜欢女儿小时候和我一起玩的一个游戏，叫作“事实还是杜撰”。在学校里，孩子们会学到这二者之间的关键区别。事实很容易查证——太阳是热的，地球是圆的，这只鞋是蓝色的，那面墙是黄色的。事实很清晰，观察得到，很真实。大自然很真实，与你相信什么无关。雨就是雨，重力就是重力；地球绕着太阳旋转；季节随着地球的公转而发生更迭；海洋可以波涛汹涌，也可以风平浪静；太阳会产生热和光。这些事实都无可争议，并不因人们信或不信而改变。不会有人问另一个人：“你相信现在正在下雨吗？你相信太阳能带给我们光明吗？”大自然是客观存在的。我们不会因为这些客观存在而发生战争、创立教派或形成团体。

一个显而易见却令人难过的真相就是：我们的信仰，或者说信念，其实就是“信以为真”。它们往往让我们看不到摆在眼前的事实。信仰、愿望、信念、希望，并不是事实，而是主观的、个人的观点，是虚构出来的，是空中楼阁，是我们人类凭空捏造而又深信不疑的事。

觉醒后，我们会意识到自己的思维过程大多基于虚构出来的事情而非事实。当我们说“我相信”时，实际上说的就是“我想谈一些虚构出来的事情”。如果我们要谈的事情是基于事实的，根本就不需要相信它。它就在眼前，每个人都能检测得到、看得到、摸得到、感觉得到，不存在非议和争论。

佛教认为，信仰就是我们念念不忘的错误理念。这是因为我们的思维太简单，理解不了事物的真实面目。人类相信各种各样的事物：印度教徒相信猴神和象神，犹太人相信自己是“上帝的选民”，还有的人对吟诵各种祷文情有独钟，好像它们是改变命运的符咒……大多数人都有某种信仰，信仰一套生与死的说法。正是基于这些信仰，我们构建出了神灵。我们选择信仰和侍奉它们，并将它们视为现实生活的根本。

佛教中说，生活其实是幻象——事物并不像它们看上去的那样。每个人所处的独特环境、历史条件和情感传承，都会影响我们对事物的认知。由于认识不到这一点，我们就会以为自己相信的事情都是真实的。然而，我们所看到的很多事物其实只是在特定条件下呈现的表象，只是我们早已经习惯罢了。也就是说，我们看到的其实是我们固有的思维模式让我们看到的世界，而不是它的本来面目。

文化，尤其是父权制度，尤其害怕女性觉醒并获得力量。因为这样的女性会威胁到现有的平衡。一个不再温顺贤良、逆来顺受、卑躬屈膝、仰人鼻息的女性，一个不再愿意为了他人的舒适和幸福而忍辱负重的女性，一个除非主动选择，否则绝不肯低头认输的女性，怎么可能被接受呢？

那么，你可知道这样的女性蕴藏着什么力量吗？她是一股不容小觑的力量。她是尝到了自力更生、自强自立甜头的女性。这样的女性势不可挡。任何人都再也无法用恐惧束缚她，以前的方法对她都不会再起作用。她早看穿了这一切的幻影。当她的人生和其他人有了交集时，对方也能在自己的生活中感受到这种自由。很快，这些人都解放了，开始了真实的生活。这样的生活状态永远不会伤害他人，因为每个人的本心都得到了尊重。忠实于自己本心的女性拥有治愈世界的力量。

觉醒意味着我们不再去迎合外部世界，而是开始聆听内心的声音，真实地表达自我。弄明白自己是按照虚构的观念而不是追随真实的自我在生活之后，我们就能逐步将所有不属于真实自我的部分慢慢剥离出去了。

从父母那里承袭的谎言

大多数人都是在父母和文化共同编织的神话、信仰和幻想中长大的。在很大程度上，父母也是这种文化的牺牲品。结果就是，他们的头脑中被人灌输了各种信仰和观念。他们从不去思考这些信仰和观念是否正当、是否合乎逻辑、是否合理、是否具有觉醒的意识，他们只是一股脑地把这些观念当成自己的观点，然后又将它们灌入我们的奶瓶，拌进我们的食物，使之变成生活这道菜中必不可少的佐料，就像每天吸入的空气一般平常。没有人试图挑战或否认这一现状。

如果传统观念认为每天早餐喝两升牛奶、吃四个鸡蛋是健康的，我们就会自动遵循这条建议；如果传统观念宣扬应该吃老鼠或者蜗牛，我们也会照单全收。这其实是一种习惯。在一些国家，人们会吃蜘蛛腿、蟋蟀——不是因为标新立异，而是从小如此。有些文化还把吃鸡当作怪事呢。一旦懂得了这一切其实都是文化的“程序设定”，我们就会明白，我们成长中的大多数习惯是如何被文化暗中操纵的。宣传在其中起了至关重要的作用。

就拿情人节举例吧。我们一直被灌输这样的观念：情人节代表浪漫和求爱。玫瑰、珠宝、烛光晚餐、贺卡、气球、泰迪熊和巧克力成了这个节日的标志产品，总是被捆绑销售。这就给女性传达了一种错误的观念：伴侣只有送这样的浪漫礼物，才能体现对她们的爱。男性也落入了这个陷阱，如果节日里没有为伴侣准备这些标志性的花哨东西，他们就会倍感压力。结果就是，一到情人节，到处都能看到大捧的鲜花，有时还加上表达爱意的奢华礼物。我们屈服于这种观念，认为爱必须以这种方式庆祝。然而，我们没想到的是，我们其实只是巨大的商业化吸金体系中的一枚棋子而已。

钻石行业也是如此。它从浪漫和爱情的理念中获得了巨大的利润。戴比尔斯公司[①]和钻石热潮中的先驱们成功地转变了

---

① 戴比尔斯公司（De Beers）是全球最大的钻石开采公司，“钻石恒久远，一颗永留传”这句家喻户晓的广告语就来自这家公司。——译者注

世人的看法，将普通的石头吹嘘成了最珍贵的珠宝。这只是无数例子中的一个。我只是想以此说明，我们是如何潜移默化地被消费主义文化玩弄于股掌之间的。

大多数人都是在各种观念的浸淫中长大的。年轻的时候，我们天真无邪，从圣诞老人、牙仙到幸运四叶草，父母说什么我们就信什么。我们从未想过自己会因此陷入彻头彻尾的谎言，而这些谎言会在未来几十年里塑造我们的心理，让我们深陷其中而无法自拔。

告诉孩子什么是事实真的很重要。我们没必要剥夺他们享受牙仙故事的乐趣，也不需要夺走他们的圣诞老人，但孩子们需要知道，什么是真的，什么是假的。如果你看过《楚门的世界》这部电影，就知道我在说什么了。这部电影的主角从小就生活在一部热门肥皂剧中，身边的人都是演员，他直到成年后才意识到这一点。我们其实就像电影里的楚门，一直生活在自己的“楚门”泡沫中。

所谓的现实，其实都是主观感受

随着年龄的增长，有些人开始质疑：“哎呀，这些都是谎言嘛！”结果往往遭到激烈的抨击，这也是众多父母与他们青春期的子女发生冲突的原因之一。青少年时期，孩子们开始拒绝父母的灌输，第一次意识到自己被骗了。

从小到大，我们以为自己听到的每种观念都经过了前人的试炼和考验，却不曾想过，现行的体制毫无觉醒意识，它热衷于散播恐惧，十分腐败；我们在杂志和新闻上看到的大部分内容都是谎言。我们想象不到社会舆论会操纵我们，想象不到我们信任的人会背叛我们。最重要的是，我们想象不到自己的父母会接受这一切，而且还强迫我们接受。

当青春期的孩子大声说话，公然反抗父母的权威或文化传统时，他们往往会受到严厉的训斥，并被贴上“不礼貌”的标签。当我二十二岁开始觉醒时，我意识到，很多我原以为是真相的东西，其实只是家庭和文化传承下来的信念。那么，我究竟是谁？我到底应该相信什么？难道我只是这一套培养体系中的不幸产物吗？到底还有什么是可信的？我开始质疑一切—— 一切。我提出的问题越多，就越意识到，我从小就学到的关于自己和现实的一切其实都是虚构的。

当生活中发生某件事情时，我们的本能是围绕它创造一个故事，而不是去体验事情本身。例如，如果我们爬上山顶，看到了美丽的日落，我们会惊叹自己运气好，然后把这一天标记为美好的一天。同样，如果另一天我们爬上同一座山，结果遭遇熊的袭击，或者一场大暴雨，我们就会认为这是最糟糕的一天。根据对这一天人为创造的故事，我们可能会经常重爬这座山，也可能永远不会再去。事实上，这两天都不过是普通的一天而已。

我们的人际关系也是如此。童年时代遗留的问题会影响我们，让我们不断将过去的体验和感受投射到现在的生活中，并围绕它创造出精神层面的影像故事，根据过去的经历创造出“好人”和“坏人”的角色。这当然不是说生命中没有敌人，而是我们以为自己看到的事，更多的是基于我们内心的构想，而非现实。

我们所谓的生活并不是真正的生活本身，而是基于我们对生活的观念虚构出来的。你能想象得出，我们因为错误的观念而错过了多少机会吗？我们因此错过了多少值得攀登的山、值得走的路、值得结交的人？我见过无数接受心理治疗的人，他们把自己的生活包裹在完全错误的信仰中，不敢踏错一步，因为僵化思维让他们就是不肯冒险走出牢笼。

在没有各类信念的环境中长大会是什么样？我们不需要相信任何东西。之所以选择相信，只是因为我们太害怕了解现实的本来面目。现实其实是无常的，这是大多数人难以理解的事实。如果生活本就无常，那我们所有试图控制生活的努力最终都毫无意义。到头来，我们终有一死，只是不知道何时死、怎么死。所以我们才会创造信仰，给自己一个存在的理由。我们创造信仰，其实是想创造一种虚假的掌控感，以为自己能够掌控那些无法控制的生命本质。信仰能缓解我们的焦虑，忘却人类其实如尘埃、草芥一般微不足道这个事实。对我而言，这一事实反而令我大受鼓舞，让我在更深的层次上了解自己。对其他人而言，这可能是一个必须不惜一切代价避免面对的可怕现实。

生活充满了未知。我们不清楚为什么有些人生来富贵，有些人却天生贫穷或疾病缠身。印度教徒有时会简单地认为，现世的差异源于我们前世的修为。这种论调的问题在于，它假设了好与坏。在某些圈子里，富贵自然而然地被假设成好，贫穷被假设成坏。这就导致了偏见和刻板印象。事实上，我们并不知道自己为什么或如何出生在这样的环境中，我们生来如此。

我们无法控制生与死，对这一事实的恐惧让我们本能地寻求各种控制手段。为了达到目的，最普遍的方式就是建立各种体系。这类体系都有各种条条框框要遵守，能给人一种掌控感。但其实这些都是空中楼阁。之所以选择信任这些体系，是因为离开了它们，我们就会觉得完全失去了控制。

我们不去面对现实的真相，不肯承认大自然原本无法控制，相反，我们创造出另一个所谓的现实，让我们感觉一切尽在掌握。简直就是自欺欺人。我们以为自己什么都知道，其实我们一无所知。

由于个体千差万别，文化各不相同，我们所谓的现实其实都是主观感受。如若不然，所有人就应该认可同一个现实，因为那就是唯一的现实。而事实是，每个人都对现实有自己的看法。这就足以证明，一切——所有的一切——毫无例外，都来自个体的主观感受和文化的影响。

不承认真相而宁愿歪曲事实，甚至违背科学或客观规律，其实是在玩火。我们赞美自己的信仰，坚信它们神圣不可侵犯。信仰的内容越多，神圣感就越强烈。只有当深刻地审视自己的思想，弄清楚自己的思维被这些信仰污染了多少，我们才会放下依恋，迎接内心的解放和光明，让自己充满力量。

拒绝从众

我们觉醒后会意识到，自己其实一直都是某个贪婪体系的猎物。从教育体系、美容行业到科技行业，它们出售产品，目的是缓解我们的恐惧。要想真正地掌控自己的生活，我们就要破解社会这个“母体”的密码，坦然面对它所释放的压力。只有这样，我们才有希望摆脱束缚住我们大多数人的从众心理。

丢开原有的信仰和观念会让我们感到恐惧，因为不知道离开它们后，自己会变成什么样。我们以为这些信仰赋予了我们力量，其实正是它们限制了我们的力量。我们以为，离开信仰我们会一无是处，但事实恰恰相反。只有将这些表象尽数剥去，我们才会看清真实的自己。我们会发现，不是自己不值一提，而是这些信仰不值一提；我们不是靠信仰来生存的，信仰其实阻碍了我们的生存和发展。

某种信仰的信众越多，它就越有可能是谎言。大众都喜欢顺从，他们往往肤浅、陈腐，从不聆听内心真实的声音。如果你也是这无知大众中的一员，你会发现自己很愿意放弃内心的声音，沦为芸芸众生中的一员。只有选择唱出自己的曲调，你才能脱颖而出。

成为无知大众中的一分子，和成为一个“有意识的”群体中的一分子，这二者是不一样的。大众中充斥着人云亦云的追随者，而不是特立独行的思想家。而“有意识的”群体、集会或社区则完全相反，它会搜寻领头人，尽管也是一个群体，也有一个网络，但它会要求每个人走自己的路。

觉醒后，我们就要选择活在真相中，而不是谎言中。我经常把这称为“知其所以然”的生活，而不是“只知其然”的生活。我们不再回避、否认，而是以一种透明、直接的方式直面人生。我们不再因为害怕让别人感到不快而逃避和隐瞒真相。聆听内心的声音实在太重要了，我们再也不能置若罔闻。

我们的终极目标是，当事实呈现在眼前时，要与它交流，而不是歪曲它，将它改写成一个主观视角的故事。我们越是接纳这个世界的真相，就越能活在当下、享受当下。越能活在当下，痛苦就越少。这一切都始于摘下遮住视线的眼罩，开始看清眼前的世界，与现实生活互动，而不是任由自己活在幻想中。要看穿笼罩在我们生活的“母体”上的巨大网络，需要很大的勇气。然而，只有这么做，我们才能拨开这层迷雾，目光锐利地看清这个世界。如果不这样，我们只会继续被文化的假象蒙蔽，继续在满是错觉的虚幻世界中浑浑噩噩。

当我们认清自己是如何被各种错误的信仰体系喂养至今的，认清自己是如何麻木地过着毫无价值的生活时，我们就可以开始夺回自己的力量了。一旦重新明确了自身的价值，我们就会远离一切对我们没有意义的事物。我们不再人云亦云、随波逐流，而是让对自身价值的认可重新掌握在自己手中。我们不再需要外部世界的什么人来认可我们、承认我们的价值，我们依靠自己就已经足够。

这就是我们每个人希望成为的觉醒女性。我们有这个潜力。

第13章

你什么时候对婚姻极度渴望?

那么多的恶习、弊病，皆以爱之名
占有，背叛，操控，需要
那么多的“应该”“只要”“如果”，皆以爱之名
然而，这并不是真爱，只是打着爱的旗号的谎言
这样的谎言，亵渎了爱的本质。

虽然爱本身并不是一种制度或体系，但如今世人对爱的观念却把女性锁进了牢笼。当我们理解了现代人关于爱的理念更多是一种奴役而非解放时，我们就会修正爱的真正含义，不再忍受痛苦的亲密关系，彻底解放自己。

在现代社会，大多数人都是在童话般的爱情观念中长大的：找到灵魂伴侣，从此幸福地生活在一起，直到永远。人们说，不完整的两个人组成一个整体，对方就是上天为我们安排的另一半，是人生拼图中缺失的那一块。在找到另一半之前，我们都是不完整的；如果没有另一半，我们就无法达到本来可

以达到的高度。

于是，“爱情恒久远”变成了一个卖点，钻石成为男性对女性爱情承诺的象征，人们争相追捧。无数爱情小说和电影都围绕着这样一个主题：坠入爱河是人生不可或缺的体验，值得用小说、诗歌和影视剧反复演绎和颂扬。

小女孩总是梦想一场奢华的婚礼，二十三岁以后，和她约会的每个男孩都会被视为可能的如意郎君。过了二十五岁，她们寻找完美伴侣的需求就会变得越发迫切。

嫁给如意郎君就意味着“白头偕老”“至死不渝”。所谓“坠入爱河”，向来都有一系列明确的“进程”。这种模式的爱情其实是极具目标导向的。不是为了爱而爱，只是为了把自己的未来托付给另一个人。这种爱并非源自灵魂深处的表达，而是那个“自我”为实现某种欲望的按部就班。

扪心自问，你是否曾因为纯粹的爱而爱？还是说，你的爱总是被未来的目标干扰？如果你真的对自己诚实，回顾过往的恋情，恐怕就会承认，在遇到现任伴侣的几周或几个月内，你对婚姻极度渴望。

这种婚恋模式大致如此。女孩喜欢上男孩，开始约会。然后，女孩要求某种承诺，比如一枚象征婚姻的戒指。如果男孩不愿意提供这种“承诺”，也就是说，没有要求女孩嫁给他，就说明爱得不够深。大众的观念就是，如果两个人真的彼此相爱，他们就会结婚，因为只有这样才能向公众宣告他们的最终承诺。

原本是发自内心的纯粹感觉，最后却演变成一种针对未来的交易。我们已经习惯生活在一种匮乏的状态中，如果找不到什么人让我们“变得完整”，如果一段关系没有走向彼此承诺的结果，我们就会没来由地痛苦万分。这种模式把我们短暂而无形的爱强行塞进了一个刻板僵化、框定了未来的盒子里。于是，我们用当下的感受定义未来，试图用这种方法来掌控未知。

文化一直这样宣扬：爱一个人，能让我们变得完整。这显然在暗示：没有那个人，我们就不完整。此外，还有另一个更阴险的暗示：我们要依赖另一个人来获得身份认同。看起来，我们所爱的那个人不仅要接受我们的爱，还要成为让某人获得完整新身份的宏伟计划的一部分。

这些观念的含义是多方面的。让我以艾米和雅各布这一对情侣为例来解释一下。艾米是个多愁善感的女孩。她前来接受治疗，抱怨自己与恋人雅各布的关系。她说他总是以自我为中心，十分自恋。我们很容易同情艾米，批评雅各布，因为显然他没有顾及对方的感受，不体谅对方的需要。然而，我意识到，如果我一味地同情艾米，就无法帮助她成为真正完整的人。艾米的目标是弄清楚她到底需要雅各布满足她的何种心理需求，继而弄清楚她是不是永远要靠对方才能让自己变得完整。

“你希望雅各布成为什么样的人?”我问。

“我希望他有耐心，会欣赏、赞美他人，充满爱心，仁慈善良。”她回答。

我顺着她的话继续问：“那你希望他就像……?”

她立刻答：“就像一位陪伴女儿的慈父。”

艾米无法看清雅各布真实面目的原因就是，她一直在寻找一个能照顾她的慈父。只要抱着这种需求，她就会一直期待伴侣是这样的人，一直存有这种不切实际的幻想。

“你在雅各布身边时会有什么感受?”我问道。

“总是害怕，不敢说话，总是逃避。”我又问她，以前在自己父亲身边或者其他权威人物身边时，是不是也会这样。她点头说：“就是这样，我一直是个听话的好女孩，总想讨好每一个人。”

艾米一直在努力争取父亲的认可，并为此竭尽全力。有一点她始终没有认清：雅各布并不是她的父亲。由于内心仍然有这种需求，她就像一个受惊的小女孩一样惶惶不安，努力寻求父亲的认可。因此，她在内心深处把雅各布也塑造成了独裁父亲的角色。

此外，雅各布可能的确是个以自我为中心的人，很可能和她父亲一模一样。单从他们个人角度来看，这些性格特征并没有什么错。然而，在亲密关系中，这样的个性可能就有问题了，因为雅各布往往会为了满足自己的需求而不顾及他人的感受。因此，和雅各布这类人成为恋人时，强烈的边界意识和自我意识就必不可少了。如果不懂得设定界限，对方越界提出过分要求的情况就会越来越多。

艾米的父亲就是这样一个缺乏边界意识的人，他从来不顾及艾米的感受。作为女儿，艾米渴望父亲的爱和关心，因此尽量忍让谅解。她唯一会做的就是一退再退，委曲求全。这让她逐渐变成一个完美的讨好者，总是利用这样的形象来获得他人的认可。结果，她常常被人利用，受到不公正的对待。在她那张长长的交往对象清单中，雅各布只是其中一位。

虽然艾米认为自己爱上了雅各布，但实际上她只是在重走老路而已。她没有认清雅各布的真实面目，因为她欲求不满，被自己的需求蒙住了眼睛。在寻找“慈爱父亲”这一角色时，她其实一直扮演着“弱小无助的讨好者”这一角色。可以说，她一直照着自己写好的剧本、设定的角色在演戏。如果认清了这一点，她可能早就会发现雅各布的习惯，要么选择一开始就不和他约会，要么和他在一起时设定界限，打造健康的亲密关系。

像艾米这样的情况不在少数。对大多数人而言，这种“坠入爱河”的感觉实际上源于需要、占有、控制和熟悉，源于一种想满足内心需要的渴望。我们相信自己爱上了某个人，但其实是在为“自我”寻找爱。我们以为这段感情是两个成年人幸福地携手余生，却没有意识到自己并没有成年，更像个小孩子。我们寄希望于对方来完成我们没有做到的事，让我们成长。虽然身体是成年人，但我们的情绪却像是蹒跚学步的孩子。虽然穿上了晚礼服，走进了舞池，却不具备与成年人交流的能力。

当我们的内心不肯长大时，会不断地把自己的需求投射到他人身上，把自己的情绪发泄到他人身上。我们寄希望于他人来实现我们无法成就的幻想。童年失去得越多，幻想就越多，就越发需要他人来扮演救世主的角色。

我把这种关系称为“孪生乞丐”。两个人都渴望对方喂饱自己，于是伸出双臂拥抱彼此，渴望对方送来一剂能弥补自己一生缺憾的魔法药水。而他们没有料到的是，两个人的内心都是空虚的。

因为彼此依赖，双方想控制和占有对方的欲望是显而易见的：期望很高，对对方的要求也很高。这自然会导致控制和占有。如果将对方视为成就自我的必由之路，我们自然就会希望掌控对方。于是，原本的爱就会走到对立面。它的本质不再是获得力量，而是占有。

当我们的身份认同完全依赖于他人时，我们就会为了维系这段关系而放弃自己的个性。当两个不完整的个体试图合二为一时，并不会变成一个完整的人，只会更加残缺。匮乏只会带来更多的匮乏。只有富裕才能创造更多的富裕。这就是我们要改变这种现代爱情观念的原因。在去爱别人之前，我们必须首先学会爱自己，学会靠自己来满足自己的需求。

大多数人并不是在爱——他们只是在需要、依赖、占有、控制。换句话说，大多数人并不是在爱，而是在恐惧。想象一下，我们原本指望某人成为自己的定心丸、避风港，结果对方拒绝配合，一味地我行我素。幻想破灭后，我们该有多伤心。

如果我们能怀着治愈自我的心态开始一段亲密关系，看到冲突或背叛时就不会难以接受，而是将其视为整合内在的强大动力。这时我们再照镜子，看到的就是真实的自己。我们越自爱，越自省，镜子里那个曾经千疮百孔的小女孩的身影就会越模糊，取而代之的将是一个内心强大而完整的成年人。

永远不要迫于压力而随波逐流

爱是对另一个人产生的某种强烈的感觉。它十分复杂、微妙、多层次；它涉及化学、生理、情感、心理和精神等多个方面的联动。爱是一种能量，是充满激情的，却十分短暂，而且从本质上是无法量化的。它是一种能够感知却无法实际测量的力量。

爱一个人，就要去感受和理解对方，而不是带着自己的主观感受去诠释对方。对于一个只想着满足自己需求的人而言，理解这种爱是相当困难的。我将这种爱称为“至高无上”的爱。这种从关注自我到关注他人的转变，是至高无上的真爱标志。

几个世纪以来，诗人和神秘主义者都试图描述这种至高无上的爱，然而，他们都未能捕捉到这种爱的真谛。这是因为，这种爱超越了以有形事物为基础的物质世界的界限。它不会因某一类人而变化，也不受时间、地点、种族或信仰的限制。也就是说，如果我们爱一个黑发的人，不会因为对方剪短了头发就不爱；如果我们爱一个人，也不会只在周三上午八点到十一点半这段时间里才爱。

从本质上说，爱是一种“自由”的情感—— 一种即兴的、不可预测的、意外的、无意识的情感。它会自然发生，无法强迫、无法压制，不能提前计划或组织，更无法控制。爱是有生命的，就像所有的生物一样，不会一成不变，而是会不断发展。如果把它禁锢在某条准则里，就是在扼杀它的本质，否定它最纯粹的精髓。如果非要说出爱该如何表达、何时表达、向谁表达、表达多久，其实是吸收了爱的本质之美，并将其转化成了另外一种感觉——也许这种感觉很有价值，但并不是我们说的那种至高无上的爱。

由于真爱超越了心灵，超越了“你侬我侬”，只有认识到爱并没有界限，并不因具体做了什么而改变，我们才能认识到爱这种情感的超脱本质。爱与人的逻辑、理性或意愿无关，它会没来由地突然爆发。虽然我们有能力做出判别，但爱的感觉不可能像开关一样，想开就开、想关就关。

那些体会过这种爱的人经常用各种崇高的形容词来描述它：伟大、深邃、超然、脱俗、圣洁。直接将这种感情称之为“爱”似乎很有局限性，因为这样的爱本身是无限的，是超越了自我和他人的存在的。那些体会过这种爱的人，仿佛体验到了天堂的神秘魔力。在他们看来，那种滋味仿佛就像活在了一种优于常人的独一无二的氛围中。

爱，就是终极的能量，是自我的充分展现。

然而，并非每个人都准备好体验这种爱了。只有抛下了虚假“自我”的人才能体会得到，从而走进一片无拘无束的广阔天地，自在地生活。只有抛下了满足自我需求的执念，才会在内心感受到这种爱。

这种“至高无上”的爱不要求回报，不要求彼此般配，只是为了爱而爱。这种爱在给予时完全不求回报。因为它的本质是自由的，所以它会自由地发生，也会自由地传递或释放。它不要求责任或义务，完全源于自然。这就是爱的本来面目——真实、诚实、透明、纯粹；没有遮掩，没有装饰，没有美化，无须法律规定，没有漏洞可钻，没有条件要满足，没有承诺要兑现。

而如果我们将爱视为获得某种身份的前提条件，就会永远被这种爱所奴役，永远无法摆脱它所带来的负面情绪：仇恨、背叛、拒绝或抛弃。这些负面情绪都源于对爱的错误理解。

我的女儿即将步入成年。作为她的母亲，我意识到文化给成长中的年轻女性设置了重重陷阱。为了避开这些陷阱，我试图告诉她，在外部世界是找不到真爱的，她唯一要爱上并与之共度一生的人就是她自己。我提醒她，文化向我们兜售的大多是虚假的故事，永远不要迫于压力而随波逐流。

然而，无论我多努力，也无法阻挡她从社交媒体和同龄人那里目睹各种现象。她在电视真人秀上看到那么多人找到完美的另一半，也看到各种媒体大肆宣传完美的婚礼。尽管我的声音只是众多嘈杂声中的一个，但至少她能知道，自己还有另一种可能。这就是我能施加的力量。我无法为女儿改变文化，但可以通过我的语言以及我的行为方式来影响她，为她提供另一条可以选择的道路。

自爱和成长应该是决定我们与他人亲密关系的主要标准。在约会时，首先应该问对方这些问题：

> 你爱自己吗？你会如何表达对自己的这种爱？
>
> 你如何优先考虑自力更生、自我成长？
>
> 你如何尊重真实的自己？

这些才是我们在约会时应该问的问题，而不是问对方做过什么工作或者有什么爱好。如果真的想检验一个人有多值得爱，就要衡量他们在自尊自爱和自我成长上投入的精力。

这样的治愈过程会带来内心的自由。反过来，这也会体现到外在的自由上。当一个人获得了内心的自由和解放时，他（她）也会成为引领他人走向自由的牧羊人。而对真实的自我视而不见的人，也会蒙蔽他人的眼睛。

关注自己的成长，而不是别人的行为

让我们重新回到艾米这件事上。艾米只想扮演甜美可爱、讨人喜欢的小女孩角色，试图得到“慈父”——她的恋人——的认可和关爱。当扮演的这个角色无法达到预期效果时，她就会感到失望和受伤。她陷入了困境，既无法按照雅各布期望的方式对待对方，也无法坚定而清晰地设定界限，以此纠正对方的行为，帮助对方成长。艾米被自己的角色设定困住了，只会消极地抱怨，感到无助而受伤，然而这一切都无法让雅各布变得善解人意，反而助长了对方的恶习，对她越来越不耐烦。

当我告诉艾米，她需要关注的是自己的成长，而不是雅各布的行为时，她感到非常不满，认为我站在了雅各布那一边，不认可她的感受。反思自己的错误真的很难，不是吗？我们几乎意识不到，这种受害者的感觉其实是在消耗精力，而不是获得力量。我们指责他人，觉得自己站在高处，占尽优势；但这种优越感只是暂时的。当我们陷入童年时期的虚假自我难以自拔时，“好人”的角色设定成了我们追求的重要目标。我们必须明白，这才是无法破局的问题所在。

真正的自我不需要他人肯定，也不需要某种行动来证明。它本该如此，真实可信、无拘无束。当我们觉醒后，就不会受制于童年时期形成的幼稚准则，而是认清真相，作为一个心智成熟的成年人去生活。我们不再是小孩子，要开始接纳生活的真相，做出更明智的选择。

我们不再心存幻想，而是正视现实。

艾米活在一部基于自己过去体验的人生剧本里，总是心存幻想，一遍一遍地重复这个悲剧。只有彻底觉醒，不再重复这套旧模式，她才会正视现实，看清雅各布的真实面目——他不是她以为的那个爱人。只有学会审视内心，她才能摆脱小女孩的身份，开始坚定、明确地设定界限。

与此同时，雅各布也会被迫放弃自己的角色，开始自己的成长历程，正视自身的不足，而不是一味地利用恋人来填补内心的空虚。他们将不再依靠彼此来互相养育，而是像成年人那样，依靠自身的力量生活。如果想要觉醒，这个重新教育自我的过程至关重要。我们将在后面的章节中更全面地讨论这一点。

随着真我在内心成长，我们会再也无法容忍那些虚假的身份。取而代之的，是对真诚的呼唤，两个纯粹的灵魂，渴望全面、真实、深入地理解彼此。

当两个完整的灵魂结合在一起时，他们的结合既不是基于契约，也不是基于义务。他们对彼此的爱源自内心的圆满而非匮乏，因此不带一丝需求和掌控的企图；他们都是独立的个体，不会再彼此纠缠不清。这样，两个人就可以按照各自的意愿，自由地发展和成长。这样，每一方都是完整的、独立的存在，每一方的真实和自由都会获得对方的赞美和珍视。这种追求，远比伴侣之间彼此满足对方的需要重要得多。只有不再依赖他人，我们才能独立自主地生活和成长。这样的爱将把我们从不健康的依恋中解放出来，让我们迈入超越自我和解放自我的广阔天地。

起初，这种“成熟”对我们而言是一个全新的角度，因为不习惯，会觉得有些别扭。多年来，我们已经习惯被束缚、被需要、被控制、被依赖，这种独立自主的感觉反而会显得十分古怪。父母把我们教育成了听话的绵羊——把他们的感受当作我们的感受，把他们的目标当作我们的目标，把他们的思想当作我们的思想。从小到大，从没有人告诉我们，我们自己就是完整的、独立的、神圣的存在。我们没有机会去培养真实的自我，不知道如何自爱、自我认可，反而学会了为了获得他人的认可而戴着虚假的面具生活。父母其实只把我们看成他们那个微观世界的一分子，而没有把我们看成宏大宇宙中的一个个体。

真正爱他人意味着要真正爱自己，要了解自己。我们觉醒后就会发现，我们原来从未真正、完全地爱过自己，这是因为，我们甚至都不认识自己。所谓认识自己，就是要走上一条发现真我的道路。

这就是本书要唤醒你的地方。当你踏上这条发现真我的道路，你就会抛去对自己的错误看法，与真实的内心握手言和。你会开始用爱和同情的眼光来看待自己的一切。你会无条件地接纳自己。在这个无条件接纳的过程中，你也会逐渐以同样的方式接纳他人。渐渐地，你和他人之间的隔阂就会消失。很快你就会意识到，所谓隔阂只是幻觉而已；你并没有遭到他人的拒绝，一直以来，那个拒绝你的人其实都是你自己。现在，你可以开始全心全意地爱自己，自由自在地做自己了。这才是最伟大的爱——爱上了真实的自己。

这种爱非常独立，不需要依赖别人，因此也不会去控制或占有别人。当这种爱完全源自一个完整、独立、真实的自我时，它也不需要从他人那里汲取养料。这种爱将原来的互相依靠转变为互相信赖，将单纯的、线性的亲密关系转变为彼此滋养、互助的关系。它能帮你识别出对方的独立特征，并尊重这种独立，尊重对方为了发现真我而必须采取的行动，即便这意味着彼此分离，也会欣然接受。这种爱源于自由，也将自由视若珍宝，作为最宝贵的财富馈赠给他人。

这种关于爱的观点似乎有些激进，然而，这恰恰是有意识的爱崇尚的内容：它是无条件的、不能交易的、不带控制和占有的、不基于需要和依赖的爱。

有意识的爱是一种超然的爱。它超越了“你”“我”，进入了一个新的空间，如天空一般广袤无垠。它没有边界，也没有限制。它是永恒的、自由的、无限的。它，就是解放的化身。

第 14 章

解放父母，解放孩子

她的孩子，是她成就的顶点
是她荣誉的勋章，是她骄傲的源泉
看到孩子，她才终于觉得自己的人生值得
有了目标，有了热情，有了活力
没有孩子，她就会感到茫然、空虚和失落。

你知道在年轻女性的愿望清单上有什么是比生儿育女这件事更常出现的吗？对许多女性来说，为人母的愿望压倒了一切，甚至比结婚的愿望更强烈。从和洋娃娃玩过家家的时候开始，大多数女性就开始梦想拥有自己的孩子了。我们往往认为，生儿育女是女性的第二天性。她们相信，无论付出什么代价，这都是她们“应该”做的事情。如果一个女人长大以后选择不生孩子，她将不得不向永远不会宽恕她的传统观念解释她令人厌恶的动机，代价惨重。

我还记得我的朋友特里西亚在陷入困境时打电话给我的样

子。她的声音紧张而忧郁。“他根本不想要孩子！”她说，“他怎么能不想当爸爸呢？结婚成家，不就是要生儿育女吗？”特里西亚完全糊涂了。她的语气里带着一丝谴责的意味，好像她丈夫斯坦不想要孩子是出于自私。我向她解释说，他可能还没有准备好，或者觉得自己不适合做父亲。特里西亚根本听不进去。因为在她看来，结婚生子天经地义，是再自然不过的事情。她就是不明白为什么对方不这么认为。她认为这是因为他缺乏责任感。不管我怎么向她解释男人的天性和我们不同，她都无法平静下来。“他先不仁，就别怪我不义！如果他不想要孩子，那就分手！”

对于许多像特里西亚这样的女性而言，生不生孩子是决定是否分手的重要原因。养育儿女是她们最重要的目标之一。这是她们一直以来的梦想。只有实现这一梦想，人生才是完整的。

关于生儿育女这件事的第一条谎言就是：这是一件“必须”做的事情。如果不做，人生就有缺憾。虽然我们的身体天生就可以孕育和养育孩子，但仍有许多人无法生育，或者决定不生育。当这种情况发生时，我们会不可避免地意识到，在我们的文化中，这件事已经和耻辱联系在了一起，而且文化还在不断向我们灌输这个谎言。

就像我前面说过的那样，为人母并不需要有亲生子女。所有女性——实际上是所有人——都有能力承担并完成母亲的角色。如果你认为，只有通过自己的子宫孕育出孩子，才叫“为人母”，那就太局限了。所有人都能成为母亲。一旦接受了这个想法，无论生不生孩子，我们的选择都没错。

不管一个女性选择生孩子还是领养孩子，她都要明白，她即将踏上一段她生命中最刻骨铭心的旅程。没有什么比成为母亲更能让她获得脱胎换骨般的转变的了。一个女性在成为母亲的过程中经历的心理改变会影响她的一生。你去问任何一位母亲，她都会告诉你，对她来说，成为母亲之前和之后的自我意识有多么巨大的转变。许多女性都觉得这种转变好似重生。旧有的躯壳会脱落，露出一个全新的内在实体。对许多人来说，这是一次与她们不认识的自己相遇的机会——特别是和她们的同情心、爱心、奉献精神、牺牲精神和照顾幼小的精神的相遇。

女性一旦成为母亲，她就永远地改变了。很多女性都描述过自己对孩子那种牵肠挂肚的感觉。母亲常常会一切以孩子和孩子的幸福为先。在成为母亲之前，她拥有自己的空间和时间，但现在她明白，这两样东西都不可能像以前那样完全属于她了。她知道自己现在是一个港湾，含辛茹苦但心甘情愿。孩子们知道，他们永远可以回到母亲这里，获得照顾，得到休息。从这一刻起，她不再是一个只对自己负责的女人了，她永远都是某个人的母亲。

我们与孩子的关系反映的是我们需要获得的内在成长

“我知道这会很难，但没想到这么难！”扎拉抽泣道，“我知道我很幼稚，很愚蠢，这明明是件好事，但我就是忍不住。”三周前，扎拉把最小的孩子克林特送去上大学，但她发现自己很难适应这一切。“我太习惯当妈妈的日子了，现在就剩我一个人，真不知道该做些什么。他是我的宝贝儿子，我知道应该让他长大成人，但我还是很害怕。对我来说，他仍然是个孩子。”

扎拉，就像成千上万患有“空巢综合征”的母亲一样，在适应新生活方面经历了一段极其艰难的时间。也许这是她第一次要问自己：“我现在是谁?”在女性抚养孩子的这些年月里，我们的身份是“母亲”。当这个角色消失时，我们会陷入困惑，弄不清自己的新身份。

“到目前为止，克林特一直过得不好，”扎拉说，“他每天都给我打电话，说他想回家。我希望他能交到新朋友，开始自己的生活。我只是想让他开心。如果他过得开心，我也就会放手了。”我的任务是帮助扎拉意识到，正因为她对克林特适应大学生活寄予了太多的期望，并为他的幸福倾注了太多的心血，所以一旦他在开始的几个星期里过得不顺，她就会面临巨大的心理危机。

大多数母亲都承认，她们的幸福感和价值感与她们的孩子是否过得幸福有密切的联系。母亲和孩子之间有一种极其深厚的、有时是强迫性的相互依赖的关系。就像电影《舞女大盗》(*Hustlers*)里说的那样，“母性简直就像一种精神病”。这种无法摆脱的相互依赖是一把双刃剑。一方面，相互依赖具有神奇的能力，可以创造出持久而深厚的感情纽带；但另一方面，如果母亲处理不当，这种相互依赖会演变成一种不健康的相互纠缠。许多母亲为了抚养孩子而放弃了自己的事业，她们可能会利用孩子来填补自己丧失独立性后内心产生的空虚。

当一名女性把自己看作母亲，并把抚养子女看作自己的下一份工作时，她就会把孩子取得的成就和他们的进步视为自己获得的“下一个博士学位”或者“职业生涯的里程碑”。这种依赖的危险性在于，她把自己许多未实现的愿望投射到孩子身上，用孩子来满足自己没能实现的梦想。不知不觉中，她开始按照自己的愿景“设计和构建”孩子的未来，但这些反映的都是她自己的理想，而不是孩子的。

对于女性而言，了解我们投射到孩子身上的愿望有多么强烈是很有必要的。所以我一直致力于教育这些父母，让他们意识到自己在养育子女方面存在的问题。我的主要目的是让这些父母知道，他们养育孩子的方式在很大程度上是他们自己内心的渴望、欲望和过往创伤的反映，与孩子本身的行为无关。

传统的养育模式认为，养儿育女是和孩子有关的事情。当孩子成为关注的焦点时，父母可以自由地对他们提出各种要求和期望，而不用反思自己的目的或者动机。而觉醒后的养育模式却认为，养儿育女是和父母有关的事情。父母要把关注点放在自己身上，分析自己的童年生活和人生经历会如何影响他们养育孩子的方式。

当我们获得觉醒、进行反思时，就会看到我们是如何利用孩子来治愈自己，实现我们在童年时期没有实现的自我的。只有我们愿意从镜子里审视自我，才会意识到，我们与孩子的关系反映的其实是我们需要获得的内在成长。这时，我们养育孩子的方式就会发生重要的转变。

文化为“好”孩子定义了一套标准：听话、孝顺、善良、快乐和成功。如果没有达到，那他们就不够好。这时，谁该承担这个责任呢？是父母——不过在大多数情况下，其实是母亲在承担这个责任。如果母亲接受了这种她永远无法企及的文化设定，那么在养育子女时她就会不断受到痛苦的打击。事实上，这个好孩子的标准不仅是无法达到的，而且也是错误的。如果没有意识到它其实是一个谎言，我们就会把自己的价值与一个无法达到的标准联系在一起，这会导致我们无时无刻不感到痛苦，觉得自己一无是处。

我们的孩子是否优秀，不应该以我们的想法为准。他们生来具有自己独特的精神，是来完成自己的使命的。当然，在这个过程中，我们希望孩子与人为善、知书达理，但他们到底该如何生活，取决于他们自己。

当我们在自己的生活中觉醒，开始释放真实的自我时，我们也为那些与我们共同生活的人创造了条件，让他们也有机会做同样的事。在觉醒之前，我们可能会无意识地控制孩子的行为和情绪，只为了自己痛快。而现在，我们注意到了这一点，会努力把孩子的道路与我们自己的分开。我们会开始在生活中寻找自己的独立领域，在心理上把自己和作为母亲的角色区分开。在我们身上，这两者既有联系，又各自独立，而这也是我们最终与孩子相处的方式。

这种分离不仅不是坏事，反而非常有益，对我们自己和孩子的心理发展都极其重要。它让我们分清了“我的本质”和

“我要扮演的角色”。当我们成熟起来以后，我们就能着手做我们一直应该做的事情了——把孩子视为与我们紧密相连，但同时又是独立的、与我们不同的个体。我们要因材施教——只有把自己的本心与母亲的角色区分开时，才能做到这一切。只有我们不再辛苦扮演母亲的角色，我们养育子女才能进入更高的层次——不再有意识地设定孩子前进的道路和对他们的期望，而只关心一件事：我们和孩子的真实自我是不是都得到了成长。

母亲之间的微妙竞争

如果说我们的生活中有一个领域，完美主义会肆无忌惮地泛滥，那就是养育子女。一旦成为母亲，我们对完美的痴迷就会达到一个全新的高度，就好像打了激素一样。我们把自己对“完美女性”的羡慕嫉妒都投射到无辜的孩子身上，期望他们完成我们未竟的事业，成为“完美的孩子”。仅仅要求我们自己漂亮、自己有成就已经不够了，现在我们的孩子也要这样。只有他们出类拔萃，我们才脸上有光。他们在学校里表现好吗？如果不好，那一定说明我们是失败的母亲。他们是不是爱祖父母胜过爱父母？如果是，那一定说明我们不够慈爱。他们会感到沮丧或焦虑吗？如果是的话，那一定说明我们有错。

文化潜移默化或者直截了当地对女性施加了过多的压力，让她们觉得成为母亲就意味着贡献出自己的一切。如今之所以有“直升机妈妈”这种说法，就是因为这些母亲总是像直升机一样盘旋在孩子上空，为他们提供所需的一切——从娱乐到健康，再到教育，当然，还有完美的营养膳食。我们被文化中关于完美母亲的说法洗了脑，一心一意甘愿受这种文化的剥削，努力做个完美的母亲。如果能力有限做不到，我们就会认为自己是个坏妈妈，并为此自责不已。结果，母亲和孩子双双活在了“争当完美母亲”的暴政之下。仅仅压迫自己还不够，我们甚至比文化要求的还要更进一步——霸凌其他女性，让她们也尝尝我们遭受过的耻辱。

虽然已经有许多母亲选择退出了“最完美母亲奖”的角逐，但仍有成千上万的人在竞争——尽管她们自己并没有意识到。妈妈们彼此之间开展着微妙的竞争，甚至都没有留意自己在这么做。每次把孩子打扮得光鲜亮丽送到学校，在网上晒出为孩子准备的造型别致的午餐的照片，或者谈论自家的孩子成绩如何优异时，我们都在含蓄地进行着这种霸凌行为。每当我们谈论自己如何亲手为孩子缝制万圣节服装直到深夜，或者如何为孩子举办最精致的生日派对，连邀请函都是用缎子装饰的时候，我们都是在进行比较和竞争。我们这样做可能是无心的，也可能并不是故意要夸耀这些“成就”，但在向陌生人展示这些成就时却忘了问一个问题：我们为什么要这样做？我们潜在的动机是什么？我们的需求是什么？

我们为什么要在社交媒体上发布自己育儿的成就？为什么要展示孩子们的奖杯或者成绩单？当然，我们为此自豪，但问题依然存在：我们为什么要向别人展示这些？我们是否希望自己的一部分人生被他人看到？吹嘘我们的孩子，炫耀我们的财产，展示我们拥有的东西，这些会让我们感到自豪吗？当看到这些“完美母亲”在网上晒出来的东西时，我会感到一种微妙却无法逃避的压力，敦促我要做得更好。我们这些饱受文化压力的母亲，不仅没有团结在一起，反而在彼此竞争。我们绝不会晒出自己愚蠢、笨拙和失态的一面，只想让自己看起来尽量完美。我们没有意识到这样做不仅对别人是伤害，而且对自己也是很大的伤害。当我们对如何做一个母亲抱有错误的观念时，大家的日子其实都不好过。

只要立志让我们的孩子成为人上人，只要从这个角度定义我们的身份，无论是我们自己还是孩子就都会失败。我们不仅会和其他母亲比个没完，不断发现自己的各种不如意之处，还会把这种不满意投射到孩子的身上，逼着他们为我们带来那些自己从未享受过的好东西。

用不了多长时间，我们就会意识到，孩子在这个世界上有他们自己要完成的事情，我们再也无法控制他们了。甚至不等我们意识到这一点，孩子已经流露出叛逆的气质，提醒我们必须放手。我们无法保护孩子不失败、不和恋人分手、不陷入悲剧、不被人拒绝。无论我们多么爱他们，无论我们如何含辛茹苦地培养他们，他们都会面对痛苦——有时甚至是可怕的痛苦。一旦接受了这一点，我们就能回到自己的人生道路上。要承认孩子的局限性，纯粹地抚养他们长大，而不是把我们的人生和他们的人生搅和在一起。

接纳孩子的所有感受

有句话是这么说的："你只能和你快乐程度最低的孩子一样快乐。"大多数父母用这句话来解释他们在养育子女时的操心和不安。但如果他们快乐程度最低的孩子真的不快乐，做父母的又该怎么办？

如果我说这句话大错特错，你可能会感到惊讶。这句话的问题就在于，认为我们的情绪受孩子情绪的影响是天经地义的。它同时暗示了，别人快乐与否会深刻地影响我们的快乐。人们认为，当我们和自己的孩子同喜同悲的时候，就是在表达我们对孩子的爱和关心。

这再次证明，文化中的错误观念如何深刻地影响了我们。只有彻底摆脱这种观念的影响，我们才能解放自己和孩子，避免各种焦虑情绪。长期以来，在我们的文化中，养育儿女有两个闪亮的目标：快乐和成功。如果你问任何一个家长，他们养育孩子最大的两个目标是什么，他们几乎会异口同声地说："我想让我的孩子快乐、成功。"那就让我们从快乐开始，分析一下这个说法。

扎拉，我那位正在经历"空巢综合征"的来访者对此说得很清楚："除非克林特开心起来，否则我会一直痛苦下去。我们一直很亲密。我有什么感觉，他就会有什么感觉，反之亦然。现在他不在我身边了，一想到他不快乐，我就睡不着觉。我快疯掉了。"

实际上，与孩子同喜同悲这种做法不是关心，而是情感上的纠缠。当我向扎拉解释，她和她的儿子其实处于一种相互依赖的关系中时，她很惊讶。她从来没有想过自己和儿子之间的联系是不正常的。当我告诉她什么是相互依赖的关系，以及她如何因为儿子失去了她自己的身份认同时，一切都明朗起来。她终于明白，正是她无法应对自己的“强烈情感”，才让她的儿子也无法应对他生活中的情感。在这次生活出现变动的时期，她和以往一样，并没有坐下来审视内心，感受生活变化带给她的情感变化，而是把注意力放在别人身上，放在克林特是否快乐上。她没有给孩子空间，让他审视自己的感受，让他和自己的新生活建立起独立的联系，而是向他施加压力，逼着他快乐，这样她就无须处理自己的焦虑了，无须解决在失去“母亲”的身份以后自己是谁这个问题了。

不仅如此，我还告诉扎拉，让孩子们“快乐”是一个完全不现实、非理性、最终也不可能实现的目标。这么做只会适得其反。我们越关注快乐，就越不快乐。

快乐只是一种情绪，稍纵即逝，但我们如此执着于快乐，竟然愚蠢到把这种感觉当成了要去追求的目标。在这种情况下，我们会不自觉地期待生活能够持续不断地让我们感到快乐。当生活一帆风顺的时候，我们会感到自己很幸福，觉得自己运气好、命好，而当生活遇到困难时，我们就会感到压抑和痛苦。我们会责怪生活，但其实，应该责怪的是我们愚蠢的期望。

快乐是一种短暂的感觉。它来来去去，就像所有其他感觉一样。它不是可以依靠的东西。当我们依靠它的时候，就会渴望下一个“快乐点”，会不自觉地拒绝或者避免体验那些可能导致我们产生任何程度的悲伤、愤怒或者痛苦的生活经历。问问你自己，只想要彩虹和掌声，是一种现实的生活方式吗？

养育儿女要面对的一个残酷的事实就是，我们的孩子会感到痛苦，而我们对此却无能为力。他们可能会不知所措，会挣扎奋斗，也会失败退却。他们可能会犯巨大的错误，会有不正常的亲密关系。他们可能会伤害到自己，甚至失去生命。他们可能死在我们之前。所有这些可能性都让我们感到无助和失控。有时，我们会觉得自己的人生完全失败了。

我们越早承认，我们无法控制孩子的生活经历和感受，就越能尽早放下那些不切实际的幻想，不再认为孩子只应该感受到快乐。我们的孩子是有自主权的生命，他们有权以任何他们想要的方式体验生命。如果他们想坐在海滩上发呆，那是他们的选择。我们凭什么告诉他们该如何去感受呢？我还记得在我女儿两岁的生日派对上，摄影师对我说："我努力逗她笑，但是，天哪，真是太难了。"我记得自己当时就有一种感觉，是不是我或者女儿什么地方出了问题。她为什么就不能像其他孩子一样笑，一样开心呢？后来回想起来，我才发现我们这些父母常常像监督快乐的警察一样，大声命令孩子："笑一笑！开心起来！不许哭！"在下达这些命令时，我们其实是在告诉孩子，不要管他们真实的感受，只要去感受我们让他们感受的情绪就好，因为只有这样我们才会感觉良好。

孩子并不是我们的提线木偶，也不是我们用来描绘自己梦想和期望的画布。他们是自主的存在，有自己的需求和自己的性情。如果他们选择在一个非常有趣的游乐园里闷闷不乐，那是他们的权利。他们的感受是他们自己的事。只要不伤害别人，不管是我们自己的孩子还是其他什么人，都有权利拥有和主宰自己的情感。当我们不再强求自己和他人快乐时，我们就与生活达成了真正的谅解。我们会意识到，只追求快乐的体验，是一种幼稚的生活方式。

生活并不因任何人的感受而改变，生活就是生活。有时这样，有时那样，我们怎么感受它是我们自己的事，与生活本身无关。下雨可以让一个人快乐，也可以让另一个人痛苦。但下雨就是下雨，在没有觉醒的时候，我们总觉得自己的感受是生活带给我们的；但觉醒后我们就会意识到，我们的感受与外部世界无关，只与内心的世界有关。

如果把“快乐”这个标准换成更持久的、更容易获得的东西会怎么样？如果用“活在当下”这个标准来代替它会怎么样？活在当下意味着欣然接受所有生活体验，无论这些体验带来的是快乐还是痛苦。当我们认识到快乐和悲伤都是生活中不可分割的一部分时，就会不再试图判断生活是“好”还是“坏”了。生活带给我们什么，我们就接受什么，不管它让我们高兴还是悲伤，这就是“活在当下”。这是一种我们要培养的持久品质。面对生活的无数种可能性，不管它以什么面目出现，我们都要接纳它。接纳了生活的无常，我们和孩子就会以一种平常心，充满喜乐地经历人生的高峰和低谷。我们不会根据生活带给我们的情绪去评判生活本身，我们会接受它带给我们的一切。用这个标准去培养孩子，我们就会放松下来，对自己和孩子的生活不再心存焦虑。这样，我们所有人才能放下恐惧，不再抗拒，自由地投入到生活中去。

说完“快乐”，让我们再来看看“成功”这个标准意味着什么。当我们谈到成功时，指的是赢得荣誉、取得成就、获得地位、赚很多钱。这就是文化对成功的定义，以及我们大多数人对成功的看法。因此，我们对孩子的成长做了规划，要求他们达到这些标准。孩子要上最好的大学，要加入最好的运动队——这些成了每个家长关注的焦点。当孩子不能完成这些任务时，我们就会把他们和我们自己视为失败者。结果，我们会时刻生活在高压和焦虑当中，生怕自己成为失败者。

当我们开始允许孩子基于他们内心对幸福的感受来判断自己的价值，而不是根据外部的文化来判断时，我们关注的焦点就从我们要做什么事，转到了我们要成为什么样的人。我们是什么样的人比我们要做什么样的事更重要。毕竟，我们是人，不是做事的机器。

觉醒意味着我们不再遵守文化对成功的定义，而是按照发现真我的道路，建立自己成功和进步的标准。一旦这样做了，我们就会意识到，我们不用去追求文化教导我们的那些所谓能提升自我的各种成就，我们自身就足够有价值了。

当我们从培养一个觉醒者的角度培养孩子时，我们就会把这种觉醒的感觉投射到他们身上。在我们眼中，他们不再是不合格的、不完整的或者支离破碎的个体了。他们虽有不完美的地方，但都是完美的个人。无论他们哪门考试考砸了，他们的本质在我们的眼里都不会发生任何改变。我们不会把文化上关于成功的标准强加在他们身上，并允许他们按照自己的节奏和标准发展。

文化告诉我们，生活是一场竞争和比赛。尽管我们知道，生活有时会很艰难，但我们并不屈服于这种资源稀缺、竞争激烈的生活模式。当我们的内心在富足中成长时，我们的孩子也会在富足中成长。我们会告诉孩子，生活的道路有很多条，他们的道路和其他人的道路一样，都是可以选择的。

我们生孩子不是为了让他们成为我们的复制品，也不是让他们变成木偶，或证明我们成就的奖杯。他们来到这个世界上时，已经拥有了独一无二的灵魂。他们将通过发现真我，实现自己的梦想。

重新定义养儿育女的过程

当我们把孩子看作自己心灵成长的老师时，养儿育女的过程就发生了重大转变。如果不能治愈自己的童年创伤，我们就会把这些创伤投射到自己的孩子身上。一旦承认这一点，我们就可以把抚养孩子的过程看作我们自己成长之旅的开端。这时，我们对孩子的快乐和成功的关注就会变得少一些，对治愈内心创伤的关注就会变得多一些。我们会超越母亲的角色，摆脱伴随母亲这个角色的虚假自我，转而探索更深层次的东西——焕发出母性光辉的真我。现在，抚养孩子不再是简单的、关于子女的事情了，它更多的是我们摆脱虚假的自我、获得解放的事情了。

审视自我意味着要问自己，为什么要在孩子的生活中变得无所不能？为什么需要孩子快乐和成功？对这两个问题的回答会揭示出我们内心孤立无援的绝望。我们会看到自己一直把内心的匮乏投射到孩子身上。我们这样做，是为了在他们身上寻找补偿，找回我们缺乏的东西，但我们很少意识到他们本来并不缺乏这些东西。所有的匮乏都来自我们。除非我们能认清我们对孩子以及伴侣做的这些事情，否则我们就只会继续依附别人，企图通过借助别人的价值，来治愈自己内心的创伤。

觉醒可以打破文化的设定，让人不再执着于它定义的快乐和成功。当我们意识到，孩子的快乐或者成功不是我们的责任时，我们不仅解放了孩子，也解放了自己。

对任何一个母亲而言，摆脱与孩子在精神上的羁绊是最困难的事情。这意味着从今以后，我们要从自己身上寻找价值，而不是孩子。我们的职责是让自己的内心获得成长，而不是让孩子承担我们期望的重担。我们的目标变了——不再利用孩子的成就寻找自己的价值，而是希望自己做到最好。

当我们改变目标，从一种为了满足虚假自我、一种未能觉醒的养育方式转变为一种成长的、觉醒后的养育方式时，我们就从孩子的所谓领导者和指挥官变为他们的向导和监护人了。我们意识到，最好的方式是把孩子们看作我们自己的老师和启发者，并从他们带给我们的体验中学习。我们不再以领导者自居、挡在他们面前，而是站到他们旁边，给他们让出道路。如果他们不反对的话，我们可以与他们结伴同行；如果他们反对的话，我们默默地跟在他们身后就好。我们要把自己定位成领路人、乘务员、同行者，陪伴孩子在人生的旅途上一路向前。

如果我们这些做母亲的忘记了真实的自我，被文化的杂音弄得心烦意乱，我们就背叛了自己的精神内核。文化告诉我们要焦虑、要控制、要渴望、要奋斗。我们相信这就是我们应该的样子，所以变得焦躁、沮丧、强硬，提出各种苛求。当孩子意识到这一点时，就会转身逃跑。

如果我们动手打孩子，对他们大喊大叫，或以某种方式羞辱他们，我们就违背了自己真实的本性。这并不是真实的我们，可能只是文化教导我们对待自己、对待孩子的方式。结果就是，我们让孩子也失去了与他们真实自我的联系，陷入到一种扭曲的、不正常的生活方式当中。

我们需要改变养育子女的模式。作为母亲，我们的目的是把孩子健康地抚养成人，仅此而已。当我们全身心地做这件事的时候，我们的内心充满温暖，他们的成长让我们欣喜，我们没有压力。然而，文化污染了我们纯洁的目的，在其中加上各种各样的人工成分，比如要让孩子快乐、聪明、招人喜欢，以及成功。当受到这些额外的文化教条支配时，我们就脱离了自己天生的母性，违背了自己的内心。我们体会到的就只有焦虑、暴躁、易怒和怨恨。

当我们不再被这些文化上的条条框框束缚时，将会再次唤醒体内母性的内心和灵魂——抚养孩子长大，并让他们自立。未来需要我们这些母亲抵制文化对我们真实本性的绑架。当我们做到这一点的时候，我们不仅解放了自己，找到了真我，而且也为孩子开辟了通向真我的道路。没有什么比母性的力量更强大、更能改变世界的了。

第 15 章

大自然没打算让我们永远年轻美丽

我们相信，我们应该永葆青春
我们的皮肤应该永远像奶油一样细嫩
我们的身体应该永远像杂技演员一样灵活
我们的头发应该永远像最美的绸缎一样闪亮
我们坚守着美丽的标准，却失去了美丽的生活。

我似乎没有遇到哪个女性会一直说："我对自己的外表很满意，我不打算塑身整形。"这还不说明问题吗？这还不算是一场悲剧吗？因为外貌而感到自卑的情况太过普遍，甚至没有人提出质疑，完全见怪不怪了。我相信不少男性对自己的长相也不满意，但他们通常不会焦虑。

外部压力来自各个方面，尤其是美容行业。我们都或多或少地受到影响。在我们的文化中，女性的价值是建立在完美的肤色、苗条的身材和永远年轻的面容上的。当我们无休止地与其他女性展开竞争时，我们就落入了攀比的陷阱。在健身房里，我们会看到其他女性在挥汗如雨地锻炼；在翻阅杂志时，我们会看到美女的靓照；在电影院里，我们会看到靓丽的女演员。看着这些美丽女性的形象，我们会不断地问自己："和她们相比，我的身材好不好？我的鼻子挺不挺？我的微笑甜不甜？我的双腿长不长？我的臀部翘不翘？我的眼睛亮不亮？"

我们当中的大多数人对自己的外表很苛刻。照镜子的时候，对自己好看的地方视而不见，把注意力都集中在缺点上——腹部隆起、皱纹太深、妊娠纹太丑、赘肉太多。我们批评起自己来总是毫不留情。

先被物化，再把这种压力内化

从记事时起，每天醒来，我都会对着镜子挑剔自己脸上和身体上的毛病。我总是盯着自己的皱纹和赘肉。觉醒之后，和以前最大的不同是，我在大多数日子里不会再陷入恶毒的自我诋毁，而是可以在别人的嘲笑和蔑视中保持清醒了。

以前，我总是在心底不停地批判自己，认为自己永远都不可能长得好看。我的头发有自来卷，不是直发；我的肤色暗淡，不是白色的；我的身材不够苗条；我身上赘肉太多，皮肤不够光滑；我大腿太粗，两腿之间没有空隙，走起路来相互摩擦；还有，我的腿太短，不够修长。

我越来越厌恶自己的长相，甚至出现了进食障碍。我从我最好的朋友那里听说的暴食症，那时我们还不到十六岁。她又是从哪里听来的？从另外一些曾经患有暴食症的女孩那里。那些女孩好像都掌握一些我不知道的秘诀。“哦，我想吃什么就吃什么，吃完吐出来就行了，体重也不会增加。”我吓了一跳。我从未听说过这样的事，暗暗想：“哇，我也可以试试。”

值得庆幸的是，我从来不擅长做这件事，而且整个过程感觉也不好。我在生理上和心理上都讨厌这样做。我知道这个想法有问题，这样无情地伤害自己的身体不可能是健康的。几个月后，我终于放弃了，但并不是因为我获得了健康的理念，接受了自己的样子，只是因为我不喜欢吃东西然后再吐出来的过程。我真的希望，我是因为接受自己的不完美才不那么做的。老实讲，如果有某种让人愉快的方法，可以把吃下去的食物从肚子里弄出来，我肯定会采用的。

为什么相比男性，女性更容易患饮食失调症呢？原因在于，人们评判女性时首先看的是外表，其次才是她的内在品质。女性在社会中被严重物化，以至于把这种压力内化，把自己变成了最热衷于物化和压迫自己的人。我们会把身体一部分一部分地拆解开，进行全面评价——胸部下垂、大腿内侧太松、三头肌线条太粗糙、脚踝太粗。我们希望自己的每个部位都完美无缺，要有最好的嘴唇、睫毛、颧骨和下巴的轮廓。我们不把自己的脸看成一个整体，而是拆开了细细研究。我们忘记了自己是一个整体，要作为一个整体来体现自己的价值。你知道这么做对我们的幸福有多大的伤害吗？

直到三十多岁生下女儿后，我才意识到这种做法必须改变，否则我就会把这种内在的扭曲传递给我的女儿。我必须学会接受和赞美自己的身体，否则我肯定会向她传达这样的信息：女性的价值完全取决于她的外表。我开始认真思考这些问题，批判每一种和外表有关的错误信念。

这么做颇花费了一些时间。我开始意识到，不是我的身体出问题了，而是文化对女性身体的看法出问题了。并不存在有缺陷的身体，只有健康的或者不健康的身体。意识到这一点后，我就逐渐摆脱了文化教条对自己的影响。虽然我时不时还会受到这股内在暴政的侵扰，但我已经可以完全接受自己与生俱来的身体和长相了。

不管文化说的是什么，我们没完没了地诋毁自己的长相，这就说明，我们在不知不觉中接受了它的说法。这是一粒难以下咽的药丸。我们全盘接收了文化对美丑的标准，却忽略了自身独特的价值和风格。

我们把自己看成不重要、不值一提的东西。我们打算把自己兜售给谁呢？一个虚幻的“他者”，也就是“外面的”那些人。我们把自己卖给美容整形行业，卖给时尚品牌，卖给文化，卖给媒体，卖给父权制，卖给出价最高的人。他们对我们的掌控超过了我们对自己的掌控。我说这些话的目的并不是主张完全放弃对文化的顺从。我们仍然可以涂口红、刮腋毛、描眉毛。我之所以揭露文化对我们的影响，是希望女性能够尽量多做一些有意识的选择，这样就不会糊里糊涂地被文化掌控。

创造属于自己的美丽标准

人们对身材的偏好在各个时期有所不同，有的时期崇尚平胸和瘦骨嶙峋的身体，也有的时期推崇丰满和凹凸有致的身材。但无论在什么时代，肤色都必须要白。皮肤越白越好，越年轻紧致越好。这种美丽的标准困扰着所有年龄段的女性。

过去，美国小姐的选美大赛甚至不允许有色人种的女性参加，这种情况直到二十世纪四十年代才有所改变。在那之前，参赛者必须是“身体健康的白种人”。甚至在今天，大多数杂志封面和广告牌上展示的也都是白人的面孔，金发、白皮肤。有色人种的年轻女孩需要翻开杂志寻寻觅觅，才能找到和自己相似的类型。

大多数黑人女性和其他有色人种的女性都承认，她们在成长过程中会有一种痛苦的感觉，觉得自己永远不够漂亮。她们拉直头发，漂白皮肤，穿上塑身衣，努力让自己符合这种白人的审美标准。

我们当前的审美标准掩盖了优势文化中潜在的种族主义和年龄歧视。通过用严格而狭隘的标准来定义美丽，当前的文化已经伤害了全球数百万女孩的自尊。作为女性，我们有责任挑战当前的美丽标准，重新定义美丽对我们每个人的意义。这是自我觉醒、拥抱自我价值的唯一途径，是脱离当前美丽标准的方法。

大自然让我们有一段时间年轻美丽，但它从未打算让我们永远年轻美丽。看看整个大自然——万物都会衰老和死亡，没有任何挣扎的必要。那么，是谁教我们要对抗自然、抵抗岁月流逝的呢？是文化。我们被骗了，竟然相信自己可以得到一些大自然没有赋予我们的东西。

岁月的摧残会让我们的前额出现皱纹，面部的肌肉松弛下垂，对此我们无能为力。但文化告诉我们，衰老是一种诅咒，要不惜一切代价避免。于是，现代女性经历了这种巨大的心理落差，然后试图通过人工手段加以解决。她可能并不喜欢真皮填充剂或者肉毒杆菌，但她被文化洗了脑，屈服于内心刺耳的批评声，为岁月留下的正常痕迹无情地惩罚自己。

和女性不同，男性很少把自己的价值和外貌联系在一起。这一点非常明显。每次登台演讲前，当我站在等待的人群中间时，我就会充分体验到女性是如何受到不同美丽标准的折磨的。男士通常穿着普通的衣服和鞋子登台，不用顾虑太多。但女士呢？她要有化妆师、发型师，还要穿着不舒服的高跟鞋。当然，并不是所有女性都在意自己的外表，但可以肯定大多数女性都是如此。文化就是这样教导我们的。正因如此，我们把内在的、对自己价值的认可与外在形象联系在一起。这个过程让我们苦不堪言。

通过贬低我们天然的美丽，破坏它、鄙视它，把生活的不如意都归咎于它，我们每天都在向“白皮肤化”的父权制低头认输。为了遵循美丽的标准，我们要让自己的身体每天忍受数小时的折磨。我们忘掉了自己的价值，反而去拥抱那些不属于我们的、不重要的东西。我们不断尝试，总想掩盖、扭曲、装饰我们的自然美。例如，我们可能只穿黑色衣服，或者宽大的衣服。我们会化精致的妆容，用遮瑕粉，给头发染色，让它经历各种各样的化学处理，花数千美元买名牌的鞋子和衣服，或者戴各种各样的假发、假睫毛，用填充物和植入物来隐藏我们真实的样子。我们用尽方法掩饰自己的本来面貌。

该如何创造一个新的、属于自己的美丽标准呢？首先，我们要弄清楚自己要对抗的是什么。一旦明白了这一点，我们就会制定自己的标准，接受我们的年龄和身材，不论胖瘦。当我们更深入地认可了自己，就会有意识地教育女儿，教育年轻的一代，要接纳和拥抱自己。我们会告诉她们，文化可能会、也可能不会接受她们的外表；我们会教她们如何对抗这件事对她们心理的影响。通过对话，我们把这个问题暴露出来，可以帮助年轻女孩更好地接受自己的身体以及自我形象。

只陈述事实，不去做评判

我现在要说的是在政治正确的大背景下一个重大范式的转变。新时代女权主义者的流行观念是把自己称为“美丽的”，自己身体的每一部分都是“令人惊叹的”。“美丽”不仅是一个形容词，它还包含道德判断，意味着“好”。有一些形容词超出了描述范畴，进入了好和坏的道德判断领域。美丽是其中之一，漂亮或者丑陋也是。

我不再评判自己的外表，只陈述客观事实。比如我身体的某个部位肌肉松弛，我就说它肌肉松弛。我不需要评判它是好是坏。它只是肌肉松弛而已。肌肉松弛有什么大不了的？如果我的身体某个部位胖乎乎的，我就说它胖乎乎的。这里没有好坏之分，它就是胖乎乎的。如果我的眼睛周围有鱼尾纹，那就是有鱼尾纹。

我没必要说："我有鱼尾纹，但是，它很美丽。"这么说话意味着你没有安全感。真正接受我们的身体，就意味着诚实地描述身体，不用贴上"好"或者"坏"的标签。我们总认为脂肪、赘肉、皱纹这些词很难听，所以听到这些词时觉得是一种侮辱。这其实是文化投射。它们都是客观存在而已，又能如何？

当听到我们的女儿或某个女性说"我太胖了"时，我们会本能地劝慰对方："哪有，你根本不胖，你很瘦呀。我真希望我能像你一样瘦。"如果她们说"我真丑，我都讨厌我自己"，我们会马上接话说："你一点都不丑，你很美呀。你笑起来很可爱，你的翘鼻子多可爱呀！"我们可能都没有意识到自己一直在过度赞美孩子，特别是我们的女儿，努力给她们营造一种被人接受的感觉，一种也许是我们从未获得过的感觉。但我们不知道的是，这么做实际上是在无休止地剥夺她们的价值感。

当我们赞美女儿的长相，消除她们对自己长相的厌恶时，我们其实是在不知不觉中认可甚至放大了她们的不安全感。那么我们应该怎么做呢？解决办法不是改变游戏的玩法，而是根本不玩这个游戏。当我们的女儿或者某个年轻女孩说自己胖的时候，我们不要去反驳她，因为这样做是在用谎言对话。相反，我们可以说："你就是现在的样子。不要给自己贴标签，不要评判自己。与其用厌恶的目光挑剔自己，不如用欣赏的目光审视自己。不要和别人比较，这是你的身体保护你的方式，这是你的体型为你带来的优势。"

我还记得女儿看到我腋下的赘肉左右摆动时说的话。她大笑起来："妈妈，那对'蝴蝶袖'飞起来了。"听到她这么说，我的本能是把这些赘肉藏起来，但停了一会儿，我意识到我可以选择接受我的身体，向她展示如何拥抱自己的身体。不需要贴标签，不需要形容词，不需要对话、抗拒，或者反驳。如果我真的接受了真实的自己，还有什么可抗拒、反对或者争论的呢？每次她想看我的“蝴蝶袖”时，我就会高兴地笑起来，开始在房间里到处飞，确保腋下的肥肉左右晃动。她会高兴得手舞足蹈。我还会提醒她，她的手臂可能没有那么多肥肉，所以飞不起来，但她不必为自己不能飞而感到难过，因为每个人的身体都是不同的，每个人都有不同的能力。

外面总会有一些人用言语羞辱我们。当这种情况发生时，尽管很难，我们还是要努力退后一步冷静思考，认识到他们这样做是出于自身的不安全感。所以，如果有人说我们胖，在把他的话当作羞辱之前，我们需要暂停一下。如果我们就是胖呢？例如，有人告诉我，我的大腿上有赘肉，我应该觉得这是羞辱还是事实？事实上，我就是有赘肉。那么现在该怎么办？我应该为此感到不安和羞愧吗？还是把它当作一个客观事实，然后该干吗干吗？你明白我的意思了吗？文化让我们觉得肥胖或者赘肉是一件不好的事情，但其实，它仅仅是一个自然的事实。

大多数情况下，词语只是一种指代。但当人们用这些词语来羞辱他人时，它们就从单纯的交流工具变成了破坏情感的武器。以“肥胖”这个词为例。它在医学上指的是身体质量指数（BMI）超过某一特定数值的疾病。这是与健康有关的问题，而不是与道德有关的贬义词。然而，如果一个人说另一个人“肥胖”，人们会认为这是在“羞辱对方”，而不是在做医学描述。当然，很多人用这些词来诋毁和羞辱旁人。总有一些人这样做，只是为了获得优越感。同样，回应这些词语的力量源自我们的内心。当我们真的觉得受到了羞辱，实际上就已经放弃了我们的自主权。

关键不在于别人说了什么，而在于我们是不是受到影响。当我们自己都不能完全接受自己不完美的身体时，就更不能指望别人接受。当然，这并不意味着我们就不用锻炼身体，不用为参加派对而卷头发，甚至不去注射肉毒杆菌（如果我们想注射的话）。这意味着我们要首先诚实地接受自我，然后做出相应的选择。我们要学会辨别、权衡，找到平衡点，而不是傻乎乎地成为文化或者不安全感的牺牲品。

一旦摆脱了文化的陷阱，我们就不会再盯着自己的不完美不放，也不会没完没了地抱怨身体的某个部分“不好”了。一旦我们说“不好”，心里马上会问：根据什么说它是不好的？我们很快会意识到，这种判断是错误的，因为它源于错误的标准。如果标准本身是错误的，那么根据这个标准做出的判断也必然是错误的。我们的身体很有可能根本没有任何问题。通过不断质疑这些从小就被灌输的文化教条，我们可以从被物化的客体转变为觉醒后的完整个人。

物化女性的同谋

我接下来要说的话可能会引起一些女性读者的反感。为什么？因为我要说的是：女性对自己的悲惨遭遇也负有一定的责任。这从来都不是一件让人舒服的事情，然而，只有我们能够自觉或不自觉地承担起自己的责任时，我们才能赋予自己、我们的姐妹和我们的女儿力量。

随便问一对夫妇，两个人当中谁买的衣服更多、谁用的美容产品更多、谁为重大活动准备的时间更长？答案很可能是女方。一说到要参加活动，我们首先会问自己这样的问题："我要穿什么衣服去？我要穿什么鞋搭配我的衣服？"

如果你问任何一个女人，她为什么要这样打扮，她都会马上回答说："因为这样让我感觉良好！我是在为自己打扮！"虽然这也是事实，但并非全部事实。其中缺失的那部分，是我们不愿意承认的现实：我们非常渴望被人爱慕。我们的这种欲望，和男性的掠食欲望一样，也是我们天生构造的一部分。尽管我们嘴上否认，但肉体很诚实，我们会不自觉地围绕着这种欲望表现自己。我们可以装模作样地说，我们喜欢装饰和打扮自己，是因为这样做让我们高兴。但我们不会说出全部的真相。

我是怎么知道这个真相的？看看我们独处时的样子就知道了。我们独处时不化妆、不戴首饰、不穿文胸、不穿塑形衣，连着几天都穿着一样的旧 T 恤和脏兮兮的运动裤。所以，如果我们独处时可以穿成这样，出门时却打扮得光鲜亮丽，那么再强调我们打扮自己不是为了别人就说不通了。就连面对伴侣我们都要打扮。

我每次质疑我的女性朋友们，对她们说："你就是喜欢被别人恭维，不是吗?”她们总是拒绝承认这一点，总爱反驳说：“才不是！我这么做是为了我自己。”我们很难承认自己有一个不自觉的习惯，就是要打扮得花枝招展。事实上，这没什么不好意思的。就像我说的，我们天生希望被人关注。所以，为什么不承认呢？为什么要感到羞耻呢？

事实上，我甚至可以说，我们还有一个不自觉的习惯，就是利用美貌为自己换来好处。我们在拍照时摆出特定的姿势，拍出自己“最好的一面”。站着的时候，我们会把一条腿放在另一条腿的前面，因为这样显得腿更修长。我们会扑粉，喷香水，烫头发。我们在面试前要花很多的时间打扮自己，因为我们知道有一种“武器”叫作美丽，当然要尽最大努力去使用它。同样，我们不愿意承认这些事情，部分原因是，这对我们来说是一把双刃剑。我们心里一方面想“利用”自己的美丽，而另一方面又对这么做的目的很反感。

这是我们作为同谋参与文化对女性物化的第一个表现。当我们感到被人物化时，我们已经用自己的方式接受了它。除非承认这是自己的责任，否则我们不会超越它，也不会有什么真正的改变。

最终的事实是，没有人能告诉我们应该如何看待或者对待自己的外表。这完全取决于我们自己。每当我们照镜子，觉得自己不符合某个标准而自责时，我们都成了物化女性和压榨女性的同谋。我们完全可以对着镜子说：“我根本不在乎别人怎么看我，或者我现在看起来怎么样。我就是我，我就是我，我就是我！就是这样！”

想象一下，如果我们这样做，会产生什么样的心理影响？首先，所有的压力和焦虑会马上消失。因为我们要融入社会，所以才会有这些压力和焦虑。当我们要参加活动，或者认为自己不符合某个特定的形象时，我们通常会备受折磨。现在，这些折磨都消失了。不仅焦虑会消失，我们的自尊心也会飙升。一旦勇敢地拥抱自我，文化和其他人的意见都会变得无足轻重。

当女性长出第一根白头发时，她会急忙染发，因为怕别人说她老了。而当男性头发变白时，人们会认为他功成名就、成熟稳重。如果女性有了肚腩，人们会认为她没有吸引力；但如果男性有了大肚腩，大部分人会视而不见。如果女性脱发，她会赶紧用假发或者围巾遮住；如果男性秃顶了，人们会认为这很正常。如果女性穿着简单去参加聚会，人们会开足马力对她评头论足；而如果男性穿着简单去参加聚会，人们会吹捧说："他真有男人味。"女人有女人的标准，男人有男人的。

我们不太关心儿子是否邋遢，但我们对女儿却没有这么放任。我们希望她们注意体重，注意自己的头发和皮肤。有意无意之间，我们把一直压抑着自己的标准传递给了女儿。评价男性和女性的标准有很大不同。

我们付出的第一个代价来自否认。我们声称，花费额外力气打扮自己是"因为这样做让我们快乐"，这就是在否认。美丽并不能让我们快乐。让我们快乐的是别人的赞美和欣赏。这有很大的区别。承认自己就爱听别人的赞美，喜欢别人的关注，这才是大实话。我们会发现，屈服于这种需求和假装没有这种需求之间大有区别。

我们的力量来自愿意承担的责任。如果你说，“我就喜欢被人奉承。我就喜欢别人说我漂亮。我就喜欢别人看到我的身材夸我，难道不行吗?”我要指出的是：我们平时说的话其实言不由衷。我们精心打扮之后，却抱怨自己得到了关注。而且，别忘了，如果关注我们的是好莱坞的大帅哥，而不是路上普通的陌生人，大概就不会抱怨了吧？在这个问题上，我们充满了自相矛盾的说辞。

我们付出的第二个代价来自我们也有份参与的、提高美丽标准的工作。当我们屈从于疯狂的审美标准，在自己的身体里放置各种植入物，或者把自己弄得面目全非以“提升”自己的形象时，我们就是在和别人共谋，剥夺女性的力量。通过不断寻找“下一个最美的地方”，我们接受了这个想法——女性身上还有更多需要修正和改进的地方。我们将这一信息传递给其他女性，在不知不觉中，不断扭曲、改变我们的身体，使它符合新的、不断提高的审美标准。

我们总是成为最新潮流的牺牲品，总觉得自己跟不上潮流。同样，我们需要意识到的是，我们把自己放在了牺牲品的位置上。没有人逼我们这样做。如果十个女性中有三个精心打扮，那么其他七个就会觉得不舒服，因为她们看起来就像刚起床一样。当其中三个人做了隆胸手术，就会让其他七个人普通的胸部看起来是那么的——普通。突然之间，曾经“正常的”事情，现在却成为令人羞愧的事情。

当我们戴上假睫毛，我们就是在告诉别人美丽的标准提高了。当我们涂上艳丽的红唇，我们也是在做同样的事。还有魔力文胸、社交媒体照片中使用的美颜滤镜……在这些看似无害的做法中，我们接受了文化关于吸引力的说法。但现在我们明白了，这些根本不是什么无伤大雅的选择，绝对不是。这些都是我们做出的致命选择。我们和其他人一起，共同创造了我们每天都在抱怨的关于美丽的文化。

我用戴假发和接发这件事来举例吧，这再简单不过了。我们戴假发、接发，是为了给别人留下这样的印象：我们的头发比原本的更有光泽、更丝滑，或者更蓬松。我们喜欢听到别人的赞美，这让我们自我感觉良好。要是事情到此为止就好了。我们现在为头发设定了更高的标准，超出了普通头发能够达到的标准。这一举动会产生多米诺骨牌效应。一个女性看到另一个女性接了发，可能会羡慕；她注意到那个女性因此获得了关注和赞扬，就希望自己也能获得。接下来她要做的，就是在网上搜寻类似的接发工艺。这里面可悲的事情是，她以前的头发还不错，她其实是认可自己原来的头发的。但当她看到其他女性如何打理头发、如何让自己获得更多的关注时，她突然对自己的头发不满意了。

这一切都可能是在潜意识的层面发生的，但这正是女性在不知不觉中作茧自缚，为自己悲惨命运做下的铺垫。我们很少能够意识到，我们不断努力让自己更好看，以及我们没有安全感、没有价值感，实际上都是在庇护父权制，而恰恰是父权制限制了我们。所以我们必须意识到，我们其实也参与了对自己的压制和物化行为。

最终，接受自我就是一切。当我们进入这种状态时，我们既不会贬低也不会抬高其他女性。我们只是欣赏每个人身上的美——不管是什么形式，什么年龄。我们要意识到每个人都是不同的，允许自己不同于文化强加给我们的标准。当我们感觉自己“足够好”了以后，就会不想再没完没了地折腾，渴望自己比最好看的还要好看了。当我们把自己从外界的束缚中解放出来时，情感就会得到释放。没有什么比用我们自己的标准和眼光来定义美丽更真实的了。

第 16 章

有些温柔善良，其实是回避关注自己

要善良，要有礼貌，要待人和气
要温柔，要恬静，不能发火
我们学会了忍气吞声，我们学会了谨小慎微
我们学会了三从四德，我们学会了奴颜婢膝
我们看着自己的力量被人剥夺。

“真的很简单，妈妈。它就一个字，跟我说：‘不。’”我的女儿玛雅正在教我如何说“不”。她对我说：“妈妈，你知道你是什么样的人吗？你是块厚厚的、软乎乎的毛绒地毯，每个人都喜欢在上面踩来踩去！”真是童言无忌。她是对的。要问我的最大弱点、我的阿喀琉斯之踵在哪里，那就是我不会说“不”。

为什么对我而言，说“不”这么难？原因很简单：从小到大，别人都教我要说“好”。从小时候起，大人就教我要温柔善良，而好女孩经常说“好”。即使她们心里想说“不”，嘴上仍然会说“好”。她们之所以如此，是因为她们受的教育告诉她们，要更关心别人的感受而不是自己的。毕竟，好女孩对每个人都很好，她们不会引起冲突、抱怨或者不满。她们很随和，很简单。

我知道我的成长方式并不特别。我知道有成千上万的女孩在父母的军事化管理下被培养成了听话的士兵。好士兵要令行禁止，不要问太多的问题，不能大声抗议，要随时服从命令。我们越听话，别人对我们就越满意，我们就会得到越多的认可。这些认可都是我们被洗脑以后特别渴求的东西。

如果说有一个诅咒是特别为女性准备的，那就是“温柔善良”。男孩子可以肆无忌惮，大声说话，吵吵嚷嚷。但女孩子呢？一定要温柔善良，做个好女孩。一定要取悦周围的人，让他们感到满意。我们应该不惜一切代价照顾他人的感受。

想一下这种要求意味着什么。一方面，照顾他人感受成了日常生活中处理和他人关系的基本原则。我们不想表现得没有教养、粗鲁无礼。但另一方面，这又是一个不可能达到的要求。我们真能时时刻刻照顾到别人的感受吗？只有当我们完全抹杀自己的个性，为了别人的快乐不惜委屈自己，出尽百宝、曲意迎奉时，才有这个可能。这简直就是在扼杀自己的灵魂。

你知道为了成为“温柔善良”的女孩，要让女性浪费多少时间吗？只是为了让男人喜欢，夸赞我们“温柔”“优雅”吗？有多少次我们想说“不”，但这个字憋在肚子里，就是说不出口呢？有多少次，我们因为害怕对抗而选择息事宁人？有多少次，我们没有向老板提出加薪的要求？有多少次，我们因为没有反抗，没有保护自己而被人占了便宜？有多少次，我们因为想表现得温柔善良而摆脱不掉不正常的亲密关系？

比如，丈夫希望以某种姿势或者频率与妻子发生性关系。如果她拒绝，他就会生气。这是不是就意味着她不是个温柔善良的好妻子了？比如，母亲希望女儿每天都打来电话，如果接不到女儿的电话就会伤心。如果女儿没有打电话，这是否意味着她不关心母亲了？再比如，你的某位朋友，在参加派对时希望你只和她在一起，否则她就会觉得没有安全感，你该怎么做？

温柔善良和做真实的自己之间的界限在哪里？我们怎样才能既照顾别人的感受又不为难自己呢？我们如何在照顾别人的同时，又忠于自己的感觉和界限呢？

如果我们想觉醒，想唤起真实的自我，想获得真正的自由，那么这些就是我们需要提出的关键问题。为了得到这种自由，我们需要远离“温柔善良”的要求，有一说一，展现出真实的自我。

有害的女性气质

当你叮嘱女孩子要温柔善良、乖巧听话的时候，她们都接收到了这样一个信息：她自己的意志、自主权和声音不如其他人的重要。她要学会屈服、顺从，并根据别人的各种需要塑造自己的形象。她会不断地向别人让步，很快就忘记了自己同样也是个活生生的人。

当曼迪来找我治疗的时候，她的体重超重了五十公斤。在她那胖胖的身躯下，有一颗极其善良的心。曼迪说自己是“典型的共情依赖症患者”。她像上了瘾一样，怎么都无法控制自己的依赖症；她也不想这样，可似乎毫无选择。她结婚三十多年了，丈夫一次又一次地欺骗她，她一直都知道。她说自己早就对这段婚姻死了心，毫无激情可言，但她还是留了下来。“我不知道我为什么要留下，但还是留下来了。”她说她在感情上早已经麻木，可就是无法离开。她在家里的角色是照顾家人，满足他们的需要。离开丈夫对她而言简直就是大逆不道。

尽管身材庞大，但曼迪却看不见自己的本质。她开玩笑说：“我知道以我这体型，实在不像个隐形人。但我就是个隐形人。”她希望自己做一个贤妻良母，所以完全牺牲了自我。当我向她解释她身上有一种有害的女性气质时，她困惑地看着我。我们都听说过有害的男性气质，但有害的女性气质是什么呢？

当一个女人具有完美的女性气质时，她会是一个善解人意的人，并且对外保持开放的态度。她能够接纳别人，鼓励别人，轻松优雅地与别人接触、交流。她具有合作精神，和人沟通顺畅，是团队的建设者。不管是和年轻人还是和老年人在一起，不管是和弱者还是和强者在一起，她都能应对自如。这样的女性气质是生命的源泉，是积极生活的圭臬。它结合了互利互助的觉醒能量以及对多样性的宽容，是我们的天性，是我们馈赠和给予的方式。

那么，什么是有害的女性气质呢？当女性气质走向极端，就成了有害的女性气质。它通常开始于一个高度压抑的成长环境。在这种环境中成长起来的女孩本能地知道，保持沉默是一种聪明的生存策略。在以下几种情况中，年轻女孩特别容易产生有害的女性气质：

她的父母控制欲很强，像个直升机一样总是盘旋在她头顶；

她的父母也遭受了心理创伤，自顾不暇；

她的父母或者对她漠不关心，或者咄咄逼人。

在这些情况下，父母更关心的是自己，而不是女儿内心的感受。在这样的家庭中，女孩子往往没有足够的空间自由地表达自己的情感。

孩子只有成长在一个开明的、提供无限可能性的家庭当中，他们独特的气质才能得以绽放。当家庭里充满了上一代人刻板严厉、压抑沉闷的气氛时，孩子们就会被迫适应这种气氛。这种家庭要求孩子们放弃真我、适应环境，而不是改变环境、适应孩子们的独特需求。当父母挣扎在自己的世界中——无论是挣扎在他们的信仰体系还是他们童年的创伤当中——的时候，孩子就会觉得自己无关紧要。他们会在不知不觉中融入这个环境，否则这个家就会分裂。

孩子，尤其是心思敏感的女孩子，能感受到父母和家庭里面脆弱的情感联系。她们会立即投入到救援中去，尽其所能地把支离破碎的部位粘在一起。她们没有将精力放在发展自己的思想和信仰体系上，而是用来挽救一个挽救不了的局面。

在这样的家庭中长大的女孩很早就能察觉到，家庭中的平衡是多么脆弱。她知道，她的恐惧会成为压倒骆驼的最后一根稻草。那么她会怎么做呢？她会压抑自己的情感。她不再关注自己的情绪，而是成为察言观色的高手。她的日子是不是能过下去，取决于她察言观色的本事。就这样，她的注意力全部集中在避免冲突上了。同时，她会把别人的意愿放在自己的意愿之上。她变得如此被动，如此依赖他人，甚至完全不想有自己的独立想法。她是如此害怕用自己的力量引领方向，以至于像个孩子一样，越活越退化。女性气质的强大气场走到极端，就成了自己的反面。这种有害的女性气质虽脱胎于女性的原始本质，却破坏了所有美好的方面，把一切弄得面目全非。

当我根据曼迪如今的情形追溯到她的童年时期后，她的创伤产生的根源就一目了然了。在一场火灾中，曼迪失去了两个姐姐和母亲。事发时，她正在幼儿园，躲过了灾难。从那以后，她和父亲相依为命。父亲变成了一个怨气冲天的酒鬼。有很多女人作为母亲的角色出现在她的生活中，来来往往，但没有一个人能治愈她的悲伤。从一年级开始，她大多数晚上都会看到父亲醉得不省人事。每天她要自己起床、上学、完成作业。曼迪很早就知道，这个家没有她的空间。从心理学角度讲，她认为自己已经和姐姐、母亲一起死于那场火灾了。如今的她只是她们在世间的残留物。

曼迪逐渐对吃东西上了瘾。她从七岁开始就很胖了，而且一直减不下去。“我用食物来填充内心的感受，嘴里不停地吃东西能让我内心平静。这是我唯一的安慰。我猜这是因为我小时候，没有人能帮助我排解情绪的缘故吧。我唯一拥有的就是食物和电视机。从那以后，我就再也没有停止过吃东西或看电视了。它们让我忘掉了一切。”

曼迪完全迷失了自我。但如果我们向她的家人或者朋友询问她心理创伤的情况，我打赌他们甚至都不知道有这回事。事实上，他们会吓一跳。他们可能会说这样的话：“她总是那么快乐、随和，从来没见过她难过或者生气。”

这就是典型的“温柔善良的好女孩”做的事情。她与自己真实的内心完全脱节了。她只是唯唯诺诺，别人说什么她就干什么。这比觉醒、反思要容易得多。她越是温柔善良，得到的肯定和赞扬就越多，这反过来就越让她觉得沉默是金。

我们最初的那个充满爱心的灵魂被完全摧毁，取而代之的是有害的女性气质。以下是这二者之间的一些区别：

灵活变成了虚伪；
合作变成了奴性；
敏感变成了脆弱；
亲近变成了依赖；
耐心变成了麻木；
与人为善变成了避免冲突。

有害的女性气质具有毁灭自我的力量。它让我们置身于一片迷雾之中，看不到真实的自我。我们太久感受不到自我的力量，甚至忘记了真正的自己。当我们发现自己为了做个温柔善良的好人而失去了自我时，我们一时间会感到非常困惑。多年以来，我们只知道一件事——做个温柔善良的好人。结果，这么做的代价竟然是失去自我。这绝对是个冲击。

当曼迪开始觉醒时，她发现自己做个温柔善良老好人不仅是为了在生活中避免冲突，而且也是为了避免看清自己。她其实一直生活在谎言中。当我们把关注的重点转向和别人的关系时，就会发生这种情况。我们不断观察别人的情绪，迎合他们的需求，结果忽略了对自己的关注。这样一来，我们就可以不用弄清楚自己的真实感受，不必让自己难受了。我们放弃了内心的思辨和斗争，以为自己内心很平静、很和谐，其实大错特错。我们实际上很不平静。这就是为什么“温柔善良”的女孩经常有成瘾问题。通常是嗜吃，也可以是任何东西，从酒精、阿片类药物到处方止痛药，再到工作——基本上所有能压抑她内心的声音和掩盖真我的东西都能让她上瘾。我们完全否认了自己真实的声音，而为了找到平衡，唯一的办法就是过度依赖其他东西。我们找到一个虚假的、往往是致命的替代品，而这个替代品最终会吞噬我们的一切。

为了让这些受到“温柔善良”这句诅咒的女性觉醒，我们需要为她们注入一剂新的力量。为了激励自己，重新融入生活，我们需要为她们注入健康的男性气质。只有用男性气质来平衡自己的心灵，她们才能超越当前的痛苦。

害怕发火，就是害怕自己的力量

当我们生活在虚假的自我当中，我们与这个世界的关系就是错位的。怎么可能不是呢？只要我们欺骗自己，也就会欺骗别人。因此，别人看到的我们就是一种假象。我们不知道自己是谁，别人同样也不知道我们是谁。他们实际上是和一个甚至不存在的人——那个虚假的自我——在一起。如果我们总是这么装腔作势、自欺欺人，那对方也会如此。这就是一个缺乏觉醒意识的人会让其他人变得阳奉阴违的原因所在。要想与他人建立起真挚的亲密关系，首先要对自己诚实，要和真实的自我建立起亲密关系。

当我们否认内心的声音时，我们实际上是在任由其他人——尤其是男性——做出糟糕的事情，是在教会其他人——伴侣和孩子——对我们的需求和欲望不理不睬。

女性在生活中只顾着"关心"他人，其实根本就不是在爱他们。你没看错：根本就不是在爱他们。事实上，这样做是彻头彻尾的自私。当我们迎合对方的每一个需求时，就是在蔑视对方的潜力。我们不相信别人能独自应对现实问题，其实是在阻止他们进步，让他们一直停留在幼稚状态。

随便问一个女性，她是否曾经为设定界限这件事纠结过，我保证大多数人的答案都是肯定的。说"不"并不容易，尤其是在这么做就意味着冲突和纠纷时。在我们成长的过程中，那些不懂如何调节心态、不懂如何处理激烈情绪的不合格的父母，会对我们的内心造成严重的创伤，以至于我们现在听到一点情绪紧张的风吹草动就会投降。

我们之所以条件反射似的避免任何形式的冲突，是因为我们会把冲突与愤怒联系在一起。愤怒和其他强烈的情绪让我们在童年时期饱受创伤，所以我们学会了不惜一切代价去避免。不管是自己的愤怒还是他人的愤怒，我们一律屏蔽，因为它和“温柔善良”的形象格格不入。我们接受的训练就是不惜一切代价地取悦他人，避免他人愤怒。我们不断地遏制自己的愤怒，不让自己发火，结果就变成了冷漠。当我们否认人类的基本情感，比如愤怒时，我们的内心就会发生变化，整个人好像关机了一样，开始枯萎凋零。

我们忙着压抑自己的愤怒，却没有意识到，我们因此失去了设定界限、给自己空间的重要权利。害怕发火，其实是在宣告，我们害怕自己的力量。这种做法看似不起眼，却影响深远，会给别人侵犯我们空间和身体的可乘之机。

愤怒是一个强有力的信号。当事情出了错需要纠正时，它会提醒我们。关键在于，你要理性地回应它，而不是被动地做出反应。我们在生活中肯定会有怒不可遏的时候，需要学会如何聪明地利用它的力量，学会如何理性地使用头脑，而不是冲动地失去理智。

面对反常的世界，愤怒是一种自然的反应。面对如此多的非人暴行，我们怎么能不愤怒呢？关键不是让自己不愤怒，而是要引导这种愤怒，从而带来有建设性的行动。愤怒可以让我们充满能量，促使我们采取行动。当我们能有效地释放这种能量时，会极大地改变我们的生活。

我们需要和自身的愤怒建立起一种新的关系。通过主宰并合理运用愤怒带给我们的力量，我们会远离柔软的女性气质，拥有一种更强大、更有掌控力的男性气质。我们已经习惯认为，男性气质是不好的。事实并非如此。阳刚之气，尤其对那些“乖乖女”而言，是她们成长中的必要元素，能够让她们自强不息、顶天立地。

健康的男性气质和支配他人无关，只和个人的成长有关。一旦拥有了男性气质，我们就会逐渐重视自己的价值，不再把自己看得一无是处。我们会勇敢地拥抱梦想，掌握命运。

培养自身的男性气质并不意味着放弃温柔和同理心、敏感以及愿意为别人付出的天性。这些是女性特有的气质，我们要保留。我们也要继续感受、继续呐喊、继续分享。保持对女性共同体的热爱并相互扶持和依赖，这是我们成功的关键。

有害的男性气质

我们的觉醒也给了身边的男性一个觉醒的机会。当我们任由身边的男性恶语相加、滥用暴力、恣意侵犯却不敢站出来制止时，我们不仅是姑息他们，更辜负了孩子。当我们阻止他们继续那些残暴行径时，他们就会意识到，再也不能干了坏事之后一走了之了。作为他们的母亲、姐妹和女儿，我们有能力阻止某些男性为所欲为。

有害的男性气质并不局限在男性身上，很多女性也会表现出这种气质。导致有害男性气质的原因很多，从人们的先天倾向到自身的童年环境和文化灌输，都有可能。但无论它出现在哪里，以何种方式，我们都必须意识到它，并且制止它，就像制止有害的女性气质一样。

觉醒的女性要携起手来，共同开创前进的道路。一旦团结起来，就能阻止那些尚未觉醒的男性成为他们自己最大的敌人。我们要共同努力，构筑起一道堤坝，制止这些有害气质的蔓延。我们要保持自信，不要犹豫、不要妥协、不要含糊其词。我们要教会身边没有觉醒的男性如何尊重我们，尊重我们非凡的智慧和潜在的领导能力。他们可能会抗拒、会抵制，但最终他们会明白，这种改变是值得的。

首先要做的是制止男性表现出来的肆无忌惮的暴力。作为被压迫者，我们这些女性也同样负有责任。当被压迫者不再沉默、挺身而出的时候，压迫我们的等级制度就会弱化。以一方的克制为代价的统治从来都不是真正的力量，而是一种隐藏的怯懦。

在更深的直觉层面上，男性必须明白，是他们把事情搞砸了。事情很明显，我们的孩子越来越焦虑，各种制度造成的隔阂在不断加深。如果女性停止相互竞争，作为一个集体团结起来，我们就能把世界颠倒过来。关键在于我们要团结起来。当我们肩并肩，一起对抗父权制的时候，我们就能让身边的男性站在正确的位置上——站在我们身边，而不是对立面。

这种能够团结全球的力量属于女性，因为她们天生对人亲近。女性天生就知道如何培育生命，让它生根发芽。女性的母性光辉得以发展、释放，女性由此得以卸下防备。以这种方式，我们会深刻而完美地复制地球母亲所做的一切——给予生命、繁衍生命、滋养生命。

女性天生怀有母性的情怀。她们天生敬畏生命，出于本能会保护生命。她也许没有男性的体力，但她凭借宽广的胸怀和眼界超越了男性的局限，散发出智慧和慈悲，跟随大地的情感韵律共同跃动。当她用阳刚之气来平衡这美妙的爱心时，她不仅创造了生命，还摧毁了任何阻止生命繁荣的事物。她的男性气质可以帮助她保卫自己的疆土，养育更多的生命。对于那些制造仇恨的人，她爱他们，但并不畏惧去阻止他们。

当我们获得力量，觉醒之后，我们要和所有觉醒的姐妹团结在一起，共同设计出一个崭新的未来。在那里，没有任何等级制度，我们都是姐妹和兄弟。我们围成一个圈，每个人都知道自己在这个生命连续体中的位置。每个人都能意识到自己独特的力量，并尊重其他人在全球生活中的贡献。

我们共同拥有一个地球，是同一个物种。我们最终会成为一个共同跃动的、相互联系的、相互依赖的存在。基于宗教、肤色、教育、收入、地位和外貌的隔阂，都是虚幻的。觉醒者们都知道这一点，现在该轮到他们发言了。

Part 5

走出幸存者模式，踏上心智成熟的旅程

第17章

唤醒内在认知的练习

她终于扯下了蒙住眼睛的面纱
清除了挡在路上的陈年乱石
迈开大步，走出了父母的威吓形成的阴影
奔向了通往未来的灿烂黎明
起初，她有点紧张，很快，她大胆地敞开了怀抱。

所谓人为物役，我们都有各自的软肋。不管这个“物”是我们迷恋的事物、扮演的角色、拥有的亲密关系，还是情感模式、财产或者信仰。就像酗酒的人贪杯成瘾一样，我们也被这些外在的东西奴役着。试试让一个信徒放下他的信仰，不难想象会遇到什么样的阻力。同样，让任何一个处于冲突中的人放弃他的观点，你也会立刻发现对方的执念有多深。我们已经被自己依恋的东西奴役得太久了，甚至都没有意识到它们在控制着我们。

卸下这些负担的第一步是要意识到，在一生中的大部分时间里，我们在面对危险和压力时采用的都是幸存者模式，也就是说，一直在逃避。只要这些身外之物还在控制着我们，我们就摆脱不了束缚。我们沉醉其中，完全没有体会到它强加在我们身上的力量。我们只是本能地做出反应，却从没有想过为什么要这样做。我们就像机器人，像僵尸一样，一遍又一遍地重复着相同的模式。

我们该如何挣脱束缚，换一种新的生活方式？特别是女性，该如何进入一个新的情感领域，将以前卑微的自我转变为充满力量的自我？这种转变对女性而言意味着什么？它会提升我们的领导力和影响力吗？长期以来，我们一直忽视真我的声音，突然做出改变，反而可能会感到又怪异又危险。然而，如果想拥有真正的力量，就必须这么做。

走出幸存者模式，进入觉醒者模式，这需要勇气。它要求我们敢于从关注外界事物转向关注内心。这就是说，唤醒内心的声音，是需要练习的。

每一次面对外部现实时，我们都不要采用惯常的方式应对，而要改用一些完全不同的做法。我们要停下来，认真地审视内心。我们不能再条件反射似的盲目应对，而是应先自问："我为什么要做出这样的反应？此刻我真正的感受是什么？我该如何表达内心的这种真实感受？"通过这种内在的觉醒，我们可以有意识地培养自己真实的声音。当这种声音越来越清晰时，我们会逐渐从被动应对变成主动选择。我们终将获得一种新的力量——无论外部世界发生了什么，都能找到无数的方式去回应。通过这些主动的选择，我们获得了解放，终于可以自由地去开辟新的道路了。

对我而言，最实用，同时也彻底改变了我生活方式的重要方法就是学会停下来，倾听自己内心的声音。我把它当作唤醒内在认知的练习。当我开始觉醒，发现自己被外部力量控制得有多厉害时，我立刻知道再也不能继续这种模式了，必须打破它。而打破它的唯一方法就是创造一种新模式来取代它。所以，我每天都做冥想练习，倾听内心的声音。

通过冥想练习，我学会了关注自己的内心。我学会了在说话前停顿，先弄清自己的感受。这简直成了我的第二天性——现在，只要发现自己与内心的声音不一致，我的心头立刻警铃大作。只要一产生这种慌乱感，就说明有些事情不对劲。我马上会意识到自己又陷入旧有的惯常模式，因为我现在的所作所为与真实的自我并不一致。每一次我觉得匮乏、感到恐惧的时候，我的整个身体都会紧张起来。我知道，这正是旧模式又回来的迹象。要是在从前，我可能会屈服于这种旧模式，按照老办法来应付；但现在，我会停下来暗暗提醒自己："啊，这是以前的模式又回来了。"然后我会用自己觉醒的意识去审视它。不让自己被旧模式控制，是我们给自己最大的礼物，也是我们能获得的最伟大的解放。

这让我想起我的一个来访者苏茜。她还记得自己第一次没有采用惯常方式应对冲突时的情景。她来找我治疗已经一年多了，那是她第一次尝试改变惯有模式。当时，她和交往多年的男友发生了争吵。因为误会，她的男友爆发了，开始指责苏茜。通常，苏茜会针尖对麦芒似的反击回去。但这一次，苏茜做了另一种选择。她安静下来，没有回一句嘴。“我终于明白了，沙法丽博士！我终于明白了你一直告诉我的事情，我终于明白了什么叫自我价值！这都取决于我自己，和别人无关！”苏茜第一次尝到了让真实的自我来做主的滋味。她非常高兴。这的确是一个顿悟的时刻。

这是苏茜的突破——她第一次尝到了自由的滋味。她终于解放了自己，不再依赖他人的认可，而只依赖自己了。很快，苏茜在生活的其他方面也做出了改变。她终于摘下了那张面具。我们每个人都拥有这种力量，可以打破旧的模式，为自己开辟出新的道路。

我知道这一切让人望而生畏。在某种程度上，这是无法避免的，因为学习任何新技能都需要反复练习和不断觉醒。这无疑会成为贯穿你一生的努力。既然已经读到了这里，证明你已经在自我成长的道路上迈出了一小步。下面的章节会继续照亮你前进的道路。

当我们更多地审视内心，而不是盲目地应对外部世界的时候，我们会更愿意少说多看，三思而后行。过去，我们的沉默是由于受到压迫，感到羞辱。而现在，我们的沉默是因为觉醒。这种新的沉默与内在的力量联系在一起，是一种由睿智的洞察力产生的沉默，并不是因为害怕失去对方的爱而不敢说话。这两种沉默完全不同，一种是因为觉醒，一种是因为恐慌。

停下来倾听内心的声音，我们会为自己开辟出一片新的天地。外部世界会逐渐转向迎合我们的内心。我们不再任由外部世界统治我们，而是把真我放在最核心、最前面的位置考虑。我们会首先向真我寻求建议，并听从她的回答，就好像她是这世上最重要的人一样——她本来就是。我们会把内在的自我视为最有用、最有价值的东西，只做和本心产生共鸣的事。任何没有共鸣的事都会慢慢消失。我们将不再压制内心的声音，不再一味忍让。长此以往，我们的外部世界也会开始改变。

自信、自尊、自爱会改变我们生活的整体基调。把自我放在生活中的首要位置不是因为傲慢，而是因为谦卑。我们终于意识到，只有自爱的人，才能真正去爱别人。

自我认知是一个人觉醒的关键

在很大程度上，自尊和洞察力有关。如果说我在生活中有什么短板，那就是在待人处事方面缺乏洞察力。从小到大我学到的就是要做个好人、与人为善、富有爱心，没人告诉我要善于观察。充满爱意的心灵极其珍贵，但如果缺乏敏锐的洞察力，它就会遭到践踏。要是早有人告诉我这些就好了。

洞察力体现在设定合理边界的能力。不过，察言观色的过程早在设定边界之前就开始了。它始于我们对“悟商”这个概念的理解。

每个人的觉悟程度差别巨大，这一基本认识在我成长的过程中一直非常缺乏。我以为，既然人人都有七情六欲，看起来都挺聪明，觉悟程度也应该差不多。哦，我怎么会错得这么离谱！我花了十年时间，到三十多岁的时候才弄明白这一点。我终于知道，不是每个人的心灵都是开放的，也不是每个人都有爱心和同情心。决定这件事的是他们的“悟商”。

简单来讲，“悟商”衡量的是一个人的自我认知水平。自我认知是一个人能否觉醒的关键因素。如果一个人没有自知之明，就不可能和别人建立起良好的亲密关系。这种自我认知不是凭空出现的，是我们每天都在培养的东西，它反映了我们内心的修养水平。

我是逐渐才意识到，同理心、共情力、采取行动的能力以及与人相处的能力，并不是每个人都有的。它们是具有一定认知水平的人特有的能力。展现这些能力需要你够聪明、有意愿，同时投入了深厚的感情。如果一个人不想追求这些东西，那么他就不会有高的“悟商”。

洞察力是理解我们自己和他人“悟商”的能力。这里没有标准的度量单位，但它基本上可以反映一个人的自我认知程度。当我们理解了这一点，就不会简单地以己度人了。我们会理解，他们可能不是不想这么做，而是没有能力这么做。

虽然大多数人都在逐年成长，逐渐成熟，但情商和悟商却不会随着年龄的增长而增长，有些人在这方面的进步一直很小。很多人看起来像成年人，但实际上只是能走路、会说话、爱发脾气的孩子。意识到这一点虽然令人沮丧，但我们也会因此释然。当我们一直期待对方表现得像个成年人，但对方实际上只是个孩子的时候，那种受伤的感觉也就没有那么强烈。发现自己同样有不成熟的地方时，我们也会向对方认错，对自己和对方都多一分共情，少一分苛责。如此一来，就能减少很多不必要的痛苦。

这让我想起一个佛教故事。一个和尚和他的徒弟走在路上，有个乞丐过来要钱。和尚马上给了他钱。徒弟称赞师父慷慨，有同情心。第二天，又有一个乞丐向和尚要钱。和尚告诉他不要再懒惰下去了，应该去找个工作。徒弟很困惑，问师父为什么对待第二个乞丐不一样。和尚解释说，他凭直觉知道第一个乞丐确实需要帮助，而第二个乞丐是因为他自己太懒惰。我说的就是这种洞察力。

因为每个人的自我认知程度不一样，所以用同样的方式对待每个人是不明智的。我们需要见人行事、因人而异，就像父母对待每个孩子的方式不同一样。每个孩子都有不同的性情，需要父母做出不同的反应。一刀切的做法是不明智的，在其他人际关系上也是如此。

洞察力不同于道德判断。道德判断通常是一种精神上的信念，认为别人这么做不对，应该那么做。道德判断是人类苦难的根源，会带来战争、暴力和死亡。当人们认定只有自己的方式才是正确方式时，就打开了邪恶之门。

洞察力并不试图支配他人。它寻求的是对他人情感和精神特质更深层次的理解。它知道每个人走的道路都不同。它理解并尊重每个人的道路，并不试图改变他人。它让我们自己选择要不要继续和某个人交往下去。如果我们选择离开，也是怀着放松和喜悦的心情，而不是带着憎恨和怨气。

凭借敏锐的洞察力，我们会意识到共同创造生活的力量。我们不会允许任何人未经许可就来影响和干涉我们的生活。我们会像母狮保护幼崽一样，坚决地保护着自己的内心世界。我们将从一个被动的接受者变成一个积极的参与者。我们会明智而审慎地检查、筛除、提取、收集、选择那些我们愿意投入精力交往的对象。这是尊重现实，不是道德判断。不管是对人还是对事，都要进行审核，以满足我们为友谊设定的高标准。我们会尊重自己，认可自己的价值，不允许任何没有达到相似觉醒程度的人进入我们的内心世界。屈服和顺从的日子将会一去不复返。我们会设立觉醒的门槛，现在想经历什么、想体验什么，全由我们自己说了算。

这就是成为自己生活的设计师的内涵所在。我们将从一个不幸的旁观者变成设计师，精心选择合适的砖块和砂浆打造生活的地基。这并不意味着我们不再犯错。即使犯错，我们也知道这是自己在此时此刻最佳认知水平下犯的错误。这里没有遗憾，只有成长的机会。

对女性而言，成为我们自己最强有力的拥护者并不容易。长期以来，我们一直被迫相信自己不够好、不够强大、不够有价值。面对自己的人生，我们就像一个太过安逸的看客。

开始尊重自己的想法甚于别人的想法之后，我的整个生活都变了。这话听起来好像极端自私和狭隘，但实际上恰恰相反。觉醒之前，我关心他人是因为自己恐惧、犹豫和逃避，而不是真正的富足和慷慨。这种关心源于我对别人的依赖和需要，来自我内心的匮乏。我没有意识到自己其实是在扮演给予者的角色，而这种给予并不是发自内心的、真正的给予。

当我开始从自己佩戴各种面具扮演的诸多角色中觉醒时，

我才发现，我的给予来自空虚的内心，来自那个虚假的“自我”。那只是我的一种策略，以此获得他人的认可和肯定。当我开始打破这种惯有模式，只是出于自己的快乐而不是出于责任或恐惧去给予他人时，一切都变了。是的，我中断了很多亲密关系。一开始我很害怕，但很快我就意识到，这些亲密关系都是建立在虚假自我上的，是建立在恐惧上的，而并不是建立在真实自我的力量上的。

觉醒后，我花了很多时间摆脱那张“自我”的虚假面具，以及那些虚假的亲密关系。对我来说，设定边界和听从内心的声音都太难了。通过每天的自省训练，渐渐地，我终于能够从虚假的亲密关系中解脱出来了。现在，我隔着很远就能闻到这种虚假关系的味道，当然也就能避免它们在我的心里扎下根来。我绝不会让自己再次陷入那种妥协。这个愿望压倒了我对亲密关系的渴望。要么找到一段合我心意的亲密关系，要么孑然一身，宁缺毋滥。

当我们不再妥协，下定决心永远不会为任何事情放弃真我时，我们的外部世界和内心世界就会取得一致。就好像我们会散发出某种气息，只有志趣相投的人才会接收到。那些接受不了我们真本色的人自然会离开，只有真正的同路人才会走近。

一旦决定尊重自身的价值和内心的声音，我们就会把一个问题放在中心，优先考虑：“这和我希望的感觉相符吗?”我们的头脑会无比清晰，知道自己想要成为什么，知道自己希望感受到什么。如果现实与我们的希望不匹配，我们就会离开，转身走向我们想要的生活。

当我们获得了内心的富足，就不会再有紧迫感或者匮乏感了。我们不再急不可耐，看到机会就扑上去。我们会等待，会停下，静候事情慢慢发展。我们会运用自己的洞察力，看看和对方相处的滋味如何，感受如何，彼此是不是合拍。在投入感情和精力之前，我们会耐心等待对方展示真我。通过这种方式，在与另一个人开始亲密关系之前，我们会创造出一个空间，让双方互相磨合，看彼此是否合适。

如果现在的日子一团糟，担心明天是没有意义的

在亲密关系中设定边界，对那些可能会依赖我们的人说"不"，离开有害的情感关系，这些一直都是我害怕做的事。但现在我意识到，这是在自欺欺人。我意识到，我应该首先认可自己的价值，尊重自己，维护自己，否则我永远不可能拥有符合我内心要求的亲密关系。

所谓设定边界，就是知道如何说"不"——就这么简单。"不"的意思其实是："我觉得这段关系不适合我，我不会再投入了。"要么用言语，要么用行动说"不"。事实上，这个"不"不是对别人说的，而是对自己说的。我们是对自己过去循规蹈矩、糊里糊涂扮演的角色说"不"。这并不是在要求别人做出改变，而只是在要求自己离开这段亲密关系。

很多人不明白这个"不"的意思。我们认为说"不"意味着需要给出理由，或者需要为自己辩护，或者可能卷入冲突。我们还认为说"不"意味着我们需要帮助别人改变，以

便符合自己的心意。由于这些原因，说“不”让人觉得很麻烦。但实际上，说“不”只是意味着我们已经做出了决定，一切该结束了。什么该结束了？我们对这段感情的投入该结束了。当我们说“不”的时候，一切就结束了。它与另一个人无关，只意味着我们不再投入了，我们离开了。无论我们先前为了维持这段感情投入过什么，现在都停止了。事实上，我们这是在对内心渴望得到认可、批准和赞美的那个小女孩说“不”：“你再也不需要从别人那里得到那些微不足道的认可了。你已经是一个完整的、觉醒的人了。不要害怕获得真我的力量。”

在踏上觉醒之旅的第一段路程时，我们可能会发现自己要不停地说“不”。我们在自己的亲密关系中沉睡得越久，感觉自己越无力，就越需要将它从我们的生活中清除出去。我们越自觉，说“不”的次数就越多。

我们吃的垃圾食品越多，就越需要对自己的口味说“不”，直到彻底摆脱看到垃圾食品就想吃的冲动。我们以前“垃圾”式的亲密关系越多，就越需要做同样的事情。一开始，我们可能觉得不断对自己说“不”是在约束自己。但事实并不是这样。这是我们在生活中第一次爱自己，是为自己的生活筑起一道堤坝，挡住有害的物质。我们越这样做，就越能为健康和富足的快乐洪流开辟一条新的水道。

我们要明确自己的底线。“别人可以用什么方式对我说话？哪些词语我可以接受，哪些不可以？说话的语气呢？行为呢？”母亲可能从来没有告诉过我们如何设定边界，如何教会别人怎样对待我们，这可能让我们认为没有必要设定边界。女性只有在清楚地知道自己的底线，知道别人应该怎么对待自己的时候，才能明确地告诉别人该怎么做。如果我们自己都不知道这些底线，别人又怎么会知道呢？

当我们对他人明确划定自己的边界时，我们不仅是对自己负责，也是对他人负责。每个人都需要一本指导手册，知道在和谁打交道，该如何打交道。清晰的边界就是指导手册。“我不喜欢别人这样对我说话，所以请你注意。”这句话不是恶意的，而是善意的。

在亲密关系中设定不可侵犯的边界，并和对方达成一致，这也包括对我们的原生家庭。这是最难设定的边界，也是至关重要的边界。有些人虽然是家人，但并不一定与我们“志趣相投”。一个女性觉醒后，她会知道哪些是她没得选择、只能交往的人，哪些是她可以选择是否主动交往的人。我们要从家庭的束缚中挣脱出来，设计一种全新的生活。

如果不为生活中的这些有害元素设定边界，我们就是在默许它们的恣意侵犯。一旦觉醒，我们就会知道，沉默就等于默许，就是间接地助纣为虐。仅仅感觉难受是不够的。我们需要通过情感表达或者直接行动来与外界沟通，摆脱这种情况。这就要求我们把感觉转化为行动。这就是我们要从女性气质转向男性气质的地方。当我们行动起来，我们的观点就会被人了解，声音就会被人听到。当然，没有人知道这会引起什么连锁反应，而这正是我们担心的地方。但我们必须问自己一个无法逃避的问题：“我害怕的是什么？”

大多数女性之所以不敢设定边界，是因为我们总会想象出很多可怕的后果，比如遭到拒绝、被人抛弃、白费力气、经济上陷入困境，或者感到某种羞辱。我们总往最坏的地方想。这些想法让我们沉默和退缩。但我们没有意识到的是，我们害怕的后果其实已经以某种方式或者形式出现了。

我害怕离婚，是害怕孤独和失去亲人的感觉。但当我审视内心，却发现自己早已是孤家寡人，而且在很多方面已经失去了亲人。我已经失去了我害怕在未来失去的亲密感。我害怕在未来发生的事情已经发生了。还有什么比已经发生的事情更可怕呢？

我们所有人都在这样生活。我们想象出一个可怕的未来，却没有意识到我们害怕在未来发生的事情正在发生或者已经发生过了。事实上，我们正是比照过去的生活，想象未来的日子。如果过去没有发生过这样的事，我们也想象不到未来会发生这种事。在规划未来时，最美妙的事情莫过于未来有无限种可能。无论我们如何计划，都永远不知道未来会发生什么。

我总是这样问来访者："你现在过得好吗？如果不好，那就不要操心未来了。你首先要承认，日子不能再这样过下去了。"我们必须努力，现在就要过上健康和幸福的生活。如果现在的日子一团糟，那么担心明天是没有意义的。这就像要等上几天才能救火一样，而大火在今天、此刻就会把你的房子烧成灰烬。

觉醒的女性有很多东西要表达——不是因为我们想要大吵大闹引起注意，而是因为我们是活生生的人，是受到周围事件影响的世界公民。我们要好奇、要参与、要关心身边发生的事情。我们不会再做一个任人摆布的玩偶，也不会再保持沉默。我们知道，必须让世人听到我们的声音。我们不会再唯唯诺诺，羞于表达。

再没有什么比我们内心的状态更重要的了。当我们调整自我、表里如一的时候，我们会更加老练地识别周围世界中的有害元素。用不了多久，我们内心的和谐就会反映在近乎完美的生活当中。当我们开始遵从内心的生活，就能体会到什么是真我的力量以及自由。

第 18 章

找到真我还是继续讨人喜欢？

多年来她一直生活在懦弱的阴影下
生怕打扰别人，生怕惹人生气
她学会了踮起脚尖，悄悄地走路
直到有一天，事情发生了变化，她不再害怕他人
就这样，女仆变成了女王。

如果有一个词是大多数女性都讨厌的，那就是“悍妇”。我以前就讨厌这个词。每次有人这么称呼我，我都会生气地回击。我觉得有必要为自己辩护，不然就无法平复心头之火。但是，当我意识到别人叫我“悍妇”和我这个人无关，而是与我是不是屈服顺从有关时，我就不再抗拒这个词了。我开始明白为什么女性不愿意听到这个词了。我们觉得它是一种侮辱，但事实上，它是我们力量的一种象征。

我并不是在提倡大家经常说这个词，我只是想说，我们有必要理解这个词的真正含义。核心重点就是，当别人叫我们

“悍妇”时，和我们是什么人完全无关，只和我们不甘顺从、想展示力量有关。这个词算是对我们自主权的一种认可。

美国女权主义杂志《老娘立场》（*Bitch*）在它的网站上这样解释说：“‘悍妇’这个词形容的是那些敢于表达自己的思想，有自己的观点，而且不羞于启齿的女性。当受到打扰或者冒犯时，她们不会沉默隐忍。如果把一个敢于表达自己的女性叫作‘悍妇’，那我会把它当成一种赞美，承蒙夸奖。”

我们越是尊重自己的声音、展现自己的力量，就越会被人称为“悍妇”。我们的文化不喜欢强有力的、为自己说话的女性。把我们称为“泼妇”“悍妇”“母老虎”是文化控制有力量的女性的一种方式。当我们理解了这一点后，就不会在意这些话了。要想扩大自己的领地，必然会激怒别人。当别人被激怒时，就会试图羞辱我们，让我们闭嘴：“竟敢改变游戏规则？真是岂有此理！”每个人都习惯了女性的温顺和沉默，现在居然这样？我们凭什么认为自己可以改变这一切？

当我们开始设定边界，听从内心的声音行事时，就会听到各种各样的反对声音。他们会说：“那个乖巧可爱的女孩去哪儿了？你怎么变得像个悍妇似的？”这些话可能会刺痛我们。我们这辈子都在努力表现得乖巧、可爱，生怕自己成为“悍妇”。所以，这些人完全知道我们的软肋在哪里。

如果我们仍然放不下以前那个“好女人”的形象，那么，当我们遭到别人否定时，内心肯定会产生巨大的波澜。我们会挣扎，会痛苦，心潮起伏。我们不知道该何去何从，甚至开始怀疑自己：“也许我应该直接说‘是’？也许他们还会像以前那样喜欢我？”我们来到了人生的岔路口：是想找到真我还是想继续讨人喜欢？

用女王的逻辑思考一切

割舍不下从他人那里得到的认可和爱，实际上是为了对方的爱而抛弃了真我。只要还沉迷在别人的认可中，我们就永远无法拥有真正的自主权。在很大程度上，我们要学会容忍别人的不认可和蔑视。那么如何才能做到不把那些不尊重或不赞美我们的人放在眼里呢？这听起来实在很无情、很冷酷。为了达到这个目标，我们需要做出哪些心理转变？

我们首先要摆脱自己的公主心、少女心，让自己成为气场强大的女王。我们需要从被动转变为主动，从依赖转变为独立，从弱小转变为强大。这一切只有在我们爱自己的时候才会发生。

“爱自己”对我们来说意味着什么？对自己的爱比别人对我们的爱更有价值。这是关键所在。我们对自己的尊重比别人对我们的尊重更让我们感觉良好，更如同宝石般珍贵。当我们的自我认同和自我批准比别人的认同和批准更重要的时候，我们就会向自己的内心寻求明智的建议，就像我们以前向睿智的领导寻求建议一样。我们会呼唤自己的内心，而不是打电话向朋友吐苦水。当我们悲伤的时候，我们会陪伴内心踏上一段寻找原因之旅；当我们快乐的时候，我们会由衷地赞美自己，体验内心的骄傲，而不需要得到外界的认可。

习惯与真实的内心相伴是觉醒过程中的一个重要部分。我们会很自然地喜欢独处，而不是与那些没有觉醒的人在一起。以前，我们可能会害怕独自一人，现在却喜欢与自己相伴。我们不再把其他人放在首位，也不再关心他们的想法。这并不是说不听取他们的意见，而是不再盲目听从。遇到事情，我们会停下来，审视内心，仔细辨别，是不是任由他人的意见凌驾于自己的观点之上。当我们这样做的时候，我们就获得了女王的能量。

当我说到“女王”这个词时，我指的可不是什么可以随意砍下他人头颅的暴君。我说的是“觉醒女王”。她既感性，又理性；她既接受，又给予。她完全明白自己的价值，除了希望别人也像她一样获得力量，她别无他求。

女王永远不会和自己的心灵断了联系。事实上，她完全信赖自己的心灵。看到别人过着心灵匮乏的生活，她由衷地同情他们。别人的焦虑不会威胁或者影响到她，她坚定地依靠自己的智慧面对一切。她精心挑选那些和她一样从孤立或恐惧的生活中觉醒的女性，共同建立起属于她们的王国。

女王是这样一种女性：她不再为自己内心权利的扩张而心虚，也不再为自己占据了更多的空间而抱歉。她不再踌躇，知道自己有改变世界的能力。她不再害怕散发光芒。她完全能够意识到自己的价值，绝不再回到从前，绝不再畏缩在阴影当中。她会像自己渴望的那样，大胆地展示自己。

女王不会再认为自己低人一等——永远不会了。不管面前坐着的是农民还是总统，她认为自己和他们都是平等的。她早已看穿名声、光环和身份的虚幻，再也不会被这些东西吓住。她不需要变得更有资格、更迷人或者更富有才能坐在现在的位置上。因为她已经完全意识到，她的价值让她当之无愧。

她不再为华丽的时装和钻石手镯着迷，她打破了文化灌输给她的盲目幻象。她站在众人面前，展示的是真实的自我——她的好奇心，她开放的心态和她的存在。如果对方不珍视这一点，她也毫无怨恨，甚至毫不在乎地继续前进。她知道会有其他人符合她的要求。她不再寻求别人的认可或者批准，因为这样做有失她的身份。那个痛苦的少女已经觉醒，不再依赖她的王子了。她撕碎了、烧掉了、埋葬了王子的幻影，开始独立前行。

当我开始获得女王的力量后，立即遭到了所爱之人的强烈反击。最常见的说法是："你以为自己是谁?"我相信很多女性都听到过这句话。这句话的意思是："你怎么敢把自己看得比我重要?"或者是："你怎么敢把自己捧得那么高而不关心我的需求?"

当女性听到这句话的时候，潜意识里会觉得受到了警告，就好像被叫到校长办公室训话一样。我们越过了红线，要为此付出代价。我们过去越是不重视自己的需求，越是辛辛苦苦地顾及对方的感受，就会越害怕这种反击。你看到了吧，我们不敢惹对方生气。我们把胆量和坏女人联系在了一起——"只有坏女人才这么做"。我们的疑虑阻止了我们挑战对方，让我们安分守己，保持沉默。当我意识到这其实是在欺负人的时候，我就不再因为这句话而退缩了。我训练自己直视对方，毫无惧意地看着他们。

我在心中默念："没错，就是这样！我就是把自己放在第一位了！你最好相信这一点，我就是这么想的。"只有真的相信了这些话，我才能把心中那个无助的少女抛在脑后。当女性开始相信自己的胆量和气魄的时候，别人就会没有选择，只能以同样的眼光看待我们。如果我们畏首畏尾、胆小怕事，别人凭什么会认为我们有本事或者有魅力？我们不能在恐惧中畏缩，不能因害羞而后退，不能在被动中等待。我们需要觉醒，相信自己的能力，相信自己的悟性和魅力。昂首挺胸，让他们看看我们一直拥有的力量吧。

我还记得自己第一次发现体内女王能量的那一刻。当时我正在举办一个关于个人成长的研讨会，有个学员对我大吼大叫，说这个研讨会没用，浪费了她的钱。当她攻击我的时候，我心里面有一部分想要息事宁人。我想把钱退给她，减轻她的痛苦。但好在我还有另外一部分——女王的这个部分。这个部分对于她的不满意和不认可完全不予理会。因为我的这个部分明白，她的愤怒并不是冲我来的。为什么？因为我相信自己的本事，不需要她来证明我是谁。同时，我心中的女王通过她说的话，看到了她的另一面——她的痛苦。我邀请她上台，诉说她的感觉。不出所料，当她把那些情绪发泄出来后就平静多了，很明显，我只是她内心冲突的一个靶子，而她"攻击"的其实是她自己内心的混乱状态。

当我们和自己内心的女王取得联系，牢记自己的真正价值时，我们就能把别人眼中的我们和真正的自我区分开了。在我们的成长中，“认清自己的价值”是关键的一步。对于女王来讲，这是轻而易举的事。

一旦越界，不听借口

如果有一个问题是我发誓永远不会问的，那就是：“你为什么对我这么坏?”我发誓，如果一个人对我不好，我永远不会问为什么。过去几十年来，我总是想知道某个人“为什么”这么做，就好像如果有理由的话，他这种做法我就可以接受。就好像如果理由正当，我就应该容忍这种不好的行为。其实，这句话的真正含义是，对方的情绪和感觉比他们带给我的伤害和痛苦更重要。

直到觉醒后，我才意识到，说到底，除了“我根本没活明白，我需要好好修炼自己”这句话，找不出其他理由为他们的行为辩护。所有其他理由都是他们虐待我们的借口，让我们分心，忽略了设定边界的重要性。

我们的底线是，任何人都没有任何理由虐待别人或被别人虐待。我们需要花些时间来理解这一点。每当我同情心泛滥，试图扮演救世主、救人于水火之中的时候，我就会轻轻地把那颗躁动的心推回原位。我不会让它事后再埋怨、质疑我。我珍惜那颗美丽的心灵，但我知道，在我创造出新的条件让它绽放之前，它需要保持安静。现在还不是我的同情心泛滥的时候，现在是我的女王能量觉醒的时候。

我们如此害怕按照自己的感觉行事，以至于不断寻求外部的认可。就好像我们遵循自己的直觉也需要一个理由。就好像我们自己的感受永远不够，永远需要先知道别人的理由。就好像如果别人的理由足够充分，足够有说服力，那我们就可以不顾自己的感受。

在这里，我们再次触及了那个根本问题，就是要爱护和培养女性的自主权。我们对于别人的伤痛和感觉比对我们自己的更关心。不要误会我的意思——关心他人、爱护他人并没有错，这是我们最好的品质。但当我们把这种品质看得比爱自己以及照顾自己更重要的时候，它就变成了坏事。

当我发现，我这样做的原因更多的不是关心别人，而是害怕关心自己时，我就知道事情不对劲了。认为自己不如他人重要是错误的。认为自己的感受不如他人的感受重要更是错误的。是时候改变这些想法了。我依靠女王的能量做到了这一点。

我为自己设定了一个范围。在这个范围里，任何行为都没有借口。我不再为别人或者自己寻找借口了。我不再说"因为所以"，而是简单地说"就是这样"。没有"因为所以"，没有理由，没有借口。如果别人对我的做法让我不能接受，我不会去深究背后的原因。我让自己有权利这样说："你不能这样对待我。一切都结束了。"

就这样，女王内心的真理引导着我们。跟随它的指引是我们唯一关心的问题。我们要问自己的问题很简单："我的感觉好吗？"如果感觉好，那就继续；如果感觉不好，那就放手。对我们这些习惯自我牺牲的女人来说，相信自己配得上世间的一切美好实在很困难。但如果我们想完全掌握自己内心的自主权，这就是我们需要做的事情。女王知道自己：

配得上宽敞繁华的地方；

配得上尊重和赞美；

配得上耐心和忠诚；

配得上关注和认可；

配得上倍加呵护；

配得上真理和正直；

配得上财富和物质享受——如果她以前为财富和物质努力过；

配得上奢侈和享乐——如果奢侈和享乐自己找上了门；

配得上慷慨的赞扬和崇拜；

配得上聚光灯——如果聚光灯打到她的身上；

配得上被爱、被尊敬；

配得上自我关怀和放松。

女王确信，她配得上这一切。戴着王冠坐在宝座上，她的内心充满了高贵的自觉。一个真正的女王不仅对自己内在的力量充满信心，也很愿意其他人提升自我，发现自身的女王本质。这也是女王终极力量的体现——为其他人创造成长的空间。因为从自己觉醒的道路中获得了极大的满足，她可以轻松地营造出这个空间，让其他人安全地发现自己的女王本质。她从不觉得有必要与别人竞争或者给别人下绊子，因为她本来就高高在上。

女王不用等到自己成为什么人之后，才能爱自己。她知道，自己是一件远远没有完成的作品，但就是她现在这个样子，也完全配得上别人的尊重和赞美。女王不像那些公主一样，永远在等待一个光明的未来。她才不会停滞不前。她深知，生活的意义就在当下。无论现在多么不堪，多么不完整，就在此地，就是现在，她就要成为女王。

女王从不掩饰自己的缺点，从不藏着掖着。她不会假装自己是个完美的女人，谁都可以看到她的伤痛。她知道自己黑暗面的能量。她不会让自己的不完美隐藏在面纱背后，而是会主宰它们。

成为女王的道路

女王会精挑细选与她般配的丈夫，她的时间宝贵，不会把时间浪费在那些想引起她注意的人身上。

我接下来要说的话极其重要，一定要教给我们的女儿。我真希望自己在成年之前就知道这一点。当一个女性完全展现出女王风采时，她要停下来，不要再去留意身边的男女。她要等待合适的人出现，选择最适合的伴侣。她不会因为急躁或者匮乏而去寻找伴侣。她相信一切都会在适当的时候出现。她气定神闲，不慌不忙，她需要的东西就在那里，就在她的心中。除了一见钟情的那一刻，她没有任何渴望去追求谁，或者成为谁。

随着越来越多的人找到了自己的女王桂冠，我们也会为其他女性铺平成为女王的道路。这一切都是从一个女性的觉醒开始的。尽管她可能会感到孤独，但只要有一个人觉醒，就能启动这场革命。

第 19 章

如果你不想负责，就不要道歉

我不再做环境的牺牲品

我不再跟着生命的浪潮随波逐流

我不再被风暴摧残折断

我不再责怪任何人，也不再等待任何人

现在是我自己掌舵、扬帆出海的时候了。

承担责任是我们精神觉醒之旅的关键，它意味着我们已经准备好，可以完完全全地对自己负责了。我们结束了互相指责的游戏，远离了受害者意识。我们以前可能一直觉得生活对我们不公。但承担起自己的责任意味着我们开始意识到，生活是我们自己一手创造出来的。

当父母们向我咨询，什么才是对孩子最好的道歉方式时，我经常回答："如果你不想负责，就不要道歉。"我的意思是，孩子并不需要听一句空洞的抱歉，以及各种辩解。他们只关心真正的改变。

我们总是“身不由己”。什么意思？熟悉的情感模式会在我们心里建立起一些割舍不掉的情感依附，我们会被这些惯有模式牵着鼻子走。我们会有殉道者情结、受害者情结，我们还会焦虑。我们在不知不觉中学会的一个主要习惯就是逃避责任。我们很怕改掉这个习惯。因为这样做就意味着我们所有孩子气的生存策略都失效了。我们要问自己的问题并不是有没有准备好去开心应对，而是有没有准备好改掉“逃避责任”这个习惯。

在现实生活中，这些习惯会有哪些体现？首先，我们需要问自己以下问题：

造成目前的状况，我自己的责任在哪里？

我做了什么事，有什么行为习惯导致了这些问题？

我现在摆脱不掉的情感模式是什么？为什么会这样？

为何我成了以前模式的牺牲品？

我需要做出哪些改变，确保自己摆脱这种模式？

我如何确保自己做出了这些改变？

如果旧态复萌，我该怎么办？

就像酗酒者需要认真对待他们喝酒上瘾的行为一样，我们也需要认真对待自己的情感依附问题。在仔细分析是什么原因导致我们不自觉地出现某种情感时，应该这样问自己：“我产生这种情感的原因是什么？造成了什么后果？这种情感的关键触发点是什么？我的身体会做出什么反应？”

观察我们每一次产生这种情感时的具体原因和结果，观察我们做出的反应，我们会看到情感产生时的蛛丝马迹。就像地震学家在记录地震时做的那样，我们也要记录下内心的波澜。通过这种方式，我们可以准确地看到相同的模式是如何不断重复的，然后就可以找到症结的“七寸”，打破恶性循环，摆脱这种病态的情感依附。

当我们决定承担起自己的责任时，就是在告诉自己和其他人，我们不再需要别人的照顾了。这并不意味着我们不再感激别人的照顾，而是意味着我们不再等待别人的照顾，不再盼着一位穿着闪亮铠甲的骑士来拯救我们。我们要充分依靠自己的力量做出必要的改变，一步一步地开始行动。就这样，蹒跚学步的孩子不仅开始自己走路，还展开了翅膀准备飞翔。

不是理由的理由

“我吃了饼干，因为我一整天心情都不好！”

“我发脾气是因为孩子根本不听我的话！”

“我理解他为什么会打我。我有时就是个很难相处的人。”

“我真希望他不是个工作狂。要是那样，我的生活将会完全不同。”

上面这些话听起来耳熟吗？在找借口方面，我们都是大师。为了避免受到羞辱和惩罚，我们学会了为自己和他人的行为寻找借口。无论是不健康的亲密关系还是不适合的工作，我们陷入其中、无法自拔的主要原因都是这些借口。即使知道自己不快乐，还是会继续保持原状，主要原因是我们为自己留在这里找到了好的借口。

寻找借口是承担责任的反面。寻找借口是被动地寻找理由，解释我们或者其他人做了或者没做什么事；而承担责任是积极地行动，以便尽快地改变现状。前者让生活停滞不前，后者让生活充满动力。

“责备”是我们寻找借口的一种常见方式。我们伸出手，指向自己或者别人，然后找出理由责罚或评判。我们陷入受害者情结，如果责怪的是自己，我们就会觉得自己一无是处而畏缩不前；如果责怪的是别人，我们会因为没有助力而畏缩不前。“责备”让我们感到耻辱并且害怕受到报复。

我们寻找借口的另一种方式是“弱化认知失调”。这是心理学家利昂·费斯廷格（Leon Festinger）创造的一个术语，指的是我们在两个相互冲突的信念之间做出妥协，弱化它们之间分歧的心理过程。如果一个女性受到伴侣的虐待，她会在两个信念之间摇摆：一个是“她的伴侣爱她”，另一个是“受到虐待是不可接受的”。她现在该怎么办呢？她要改变其中的一个信念来弱化它们之间的差异，要么改变“他爱她”这个信念，要么改变她对虐待的定义。通过这种方式，她会为自己创造一个新的现实，要么离开对方，要么改变自己对虐待的看法，不再认为受到虐待是不可接受的。

“责备”和“弱化认知失调”阻碍了我们实现飞跃。如果我们想要“长大”，并为自己的生活负责，就不能这样做。

寻找借口会让我们陷入一种希望破灭、愿望无法实现、想法支离破碎、幻想不能满足的精神状态，而承担责任意味着停止编造那些安慰自己的借口，并且开始采取具体的行动。我们不再放弃自己的力量，而是开始为改变迈出积极的一步。

冥想：让自己从情感中抽离

承担责任是成为一个真正成年人要开拓的最后一片疆土。一个真正的成年人不仅意味着年龄成熟、身体成熟，还意味着在心理和情感上成熟。“成年”以后，我们必须百分之百地明白，我们才是自己精神家园和内心世界的创造者。虽然无法一直控制外在的世界，但我们完全有能力掌控内心的世界。

这是我在办公室的黑板上写的一段关于责任感的文字，借此提醒我和我的来访者，我们的问题和解决问题的方法在哪里：

> 我看到的一切都是我想看到的
>
> 我感受到的一切都是我想感受到的
>
> 我所认为的别人的样子都来自我的内心
>
> 当我不完整的时候，我会把别人的不完整当作自己的不完整
>
> 当我完整的时候，别人的不完整完全是他们自己的事。

现实世界是中性的，既不好也不坏。我们很难理解这一点。很多时候，我们相信现实世界正在乞求我们以某种方式解

释它，但这只是我们的一厢情愿。大多数人甚至无法想象用另一种方式解释世界。因为我们的反应就像膝跳反射一样，根本不用思考。我们不觉得这些解释来自自身，而以为它来自现实世界。

觉醒之后的下一步是行动。“我需要采取哪些行动才能避免重蹈覆辙？当我即将陷入原来的情感模式时，如何才能发现那个触发点，并主动打造一种新的模式？”这就是我们向自己和那些我们伤害过的人表明，我们愿意做出改变的时刻。我们要向他们证明，我们说的不是空话。

承担责任需要巨大的勇气。我们需要让自己停一停，暂时不去思考现实。这种精神上的抽离并不容易，但你需要培养这种能力。我培养这种抽离能力的方法是冥想。在冥想中，我会让自己的思绪退后一步，从外部冷眼观察自己。通过这种方式，我在心里创造出一个空间，存在于外部世界和内部世界之间。这个空间是第三空间。在这里，我不再是一个对外界刺激进行反应的人，而是一个有能力发现自己情感模式的人。

冥想是一种很有用的工具。我通过冥想来学习和实践如何把自己从情感中抽离出来。我强烈建议你也在自己的生活中使用它。我之所以对它坚信不疑，是因为它的确能帮助我暂时停下兜兜转转的思绪，将注意力重新集中在当下。即使一次只冥想五分钟也有用。我建议你使用免费的冥想应用程序，从今天就开始练习。

有意识地发现自己的情感模式

我们随时随地都在表现自己的情感模式，只是它还没有被我们注意到，没有受到我们心灵的控制。有意识地去发现自己的情感模式，是全力投入、观察内心世界、唤醒真我的开端。

只要我们相信外部世界可以主宰内部世界，我们就会一直依赖外部世界，希望它永远是积极的，这样我们也永远是积极的。只有认识到我们的内部世界和外部世界其实是在两个完全分离的维度上，我们才能走向成熟，主动掌控自己的命运。

发现自己的情感模式并不意味着要向星星许愿或者开始各种胡思乱想，也不意味着随心所欲地把自家的豪车和海滨度假的照片贴到公告板上公之于众。它真正的意思是，我们要能看到自己内心都有什么，我们在那上面贴了些什么想法？我们做过什么解释？这些想法背后的信仰体系和情感依附是什么？我们不是先看外部世界，再看内部世界，而是先看内部世界，再看外部世界。我们首先要关注内部世界的真实感受，然后再看能否得到外部世界的支持。

在付出巨大的情感和精神上的努力后，我们会意识到，内在世界可以引领我们前进。它会受到外部世界的影响，但绝不是外部世界盲目的仆人。我们可以依靠内心的真理，而不去管外面发生了什么。当我们发现自己能够主宰自己的内心世界时，就能有意识地发现自己的情感模式，明白什么是精神上的抽离。这时，我们就可以逐渐摆脱与外部世界的纠缠了。

当我们设计内心的“公告板”时，第一项重大工程就是清除上面旧的内容。所有的旧专栏以及过期小广告都要一并抹去。这本身就是重建的过程。这就好比说，如果我们想拥有一个健康的身体，第一步就是扔掉橱柜里的所有垃圾食品。

然后，我们要更深入一步，逐渐将内心世界的想法排列优先级。这又是我们的洞察力要发挥作用的地方了。我们要问："什么对我最重要?"建立一个优先级的顺序，然后，一步一步地，完成整个改变。

我们必须仔细地做完这个优先级筛选的过程，否则很可能会不知所措，不知道从哪里开始才好。这就好像你走进一个囤满垃圾的屋子，不知道从哪里下手清理一样。对于思维的整理也是如此。我们的大脑空间里囤积了太多无意识的思维垃圾，需要大量的时间和足够的耐心才能清理掉。

在成年人的亲密关系中，承担责任就意味着我们不能再要求对方满足我们的所有需求，除非能证明这个要求的确合理。我知道这听起来冷漠又残酷，但其实它充满了智慧。没有人能满足我们的所有需求，除非对方满足这两个条件——第一，对方在物质上和精神上完全有能力去做；第二，对方愿意这样做。

当对方能够满足这两个条件时，不可思议的事情就发生了。所谓"需求"逐渐消散，我们获得了连接内心、进步成长的机会。但在对方满足这两个条件之前，我们需要唤醒内心的成年自我和心中的父母，需要靠我们自己在外部世界寻找所需的东西。简单来讲，这些需求源于我们内心那个哭闹的孩子，而那个孩子其实是过去欲求不满的自我在体内留下的记忆。现在，我们要承担起管束这个孩子的责任，要一个一个处理这些记忆，弥合伤口，治愈它们。我们要知道，当外部世界的某些刺激又唤醒了我们的记忆时，这并没有什么大不了的——它们只是记忆而已。我们现在是成年人，不是孩子了。所以，下一次再觉得有人伤害了我们时，不妨暂停一下。在猛烈指责之前，不妨先审视内心，问问自己："我心里的旧伤痕是如何影响了我，让我做出像现在这样的反应的？"

承担责任意味着做我们内心世界的主人，接受它所有的邪恶、伤痛和缺陷。如果很难让自己从过去的伤痛中摆脱出来，你可以寻求心理治疗师、心理教练或者好朋友的帮助。有时这是绝对必要的。当我们踏上艰难的旅程，治愈自己的时候，寻求帮助就是一种积极的行动。不过，要注意一点：很多以帮助别人为职业的人，自己还是个孩子，还纠结在自己的过去当中。你不需要一个让你沉溺于过去的人，而需要一个能帮你看清过去的人。

承担责任并不意味着沉溺于过去。它只意味着看清我们的过去是如何影响现在的，并认识到指责现在是没有意义的。实际上，它就好像我们对自己说："是我自己让自己压力重重的，是我自己在制造焦虑，制造自己无能为力的感觉。外部世界并没有在这么做，是我自己的缘故。"就这么直接。

我们没有意识到，我们完全可以掌控自己的内心世界。一旦做到这一点，我们就再也不需要在愤怒或者痛苦时退缩了。因为我们放弃了自己的力量，才会下意识地对外界做出这些反应，就好像我们被外部世界的人或环境束缚着，就像提线木偶被操纵者控制着一样。我们需要明白，没有人在操纵我们。如果有的话，也都是我们想象出来的。只要我们不把权柄交出去，就没有人能控制我们。一旦完全接受了这一点，我们就真正获得了自由和力量。然后，我们又会回到那个问题上来：“我准备好了吗？”

第 20 章

删去愿望清单中那些肤浅的内容

就像太阳永远发出光芒
人生目标也一直在你的体内流淌
它不需要你四处打探、苦苦寻找
它就在那里，在你的内心深处，渴望一展风采
当你找到真我，它自然会出现。

似乎每个人都在教你“如何找到人生目标”。我们列出愿望清单，认为这些就是人生目标，要努力奋斗，实现这些愿望。有些人认为，人生的目标就是快乐，还有些人认为人生的目标是成功，当然还有人认为是做母亲或者丈夫。不管是什么，这些目标都是外在的，是我们可以得到、留住、收集、积攒的东西，就像收集邮票或者玻璃弹珠一样。这是我们在确定人生目标时犯的第一个错误。

人生目标实际上是我们的生活状态，是我们存在的基础。它是一张大网，将人生的一切编织在一起，包括所有的亲密关

系和所有的生活场景。它支撑着我们的每一段经历和每一次呼吸。从本质上说，它就是真实的自我——一种有目的的存在。

从向外求到向内求

人们普遍认为，人生目标是需要去寻找的。不是这样的。人生目标一直就在我们心里。我们并不是失去了目标，而是与它失去了联系。之所以失去联系，是因为此时此刻我们并没有与内心保持一致，没有与当下的、最深刻的、最真实的自我保持一致。和内心失去了联系，我们多多少少就会无法投入生活。只要无法投入生活，我们就会失去人生目标——即便它近在眼前，我们也会视而不见。

如果我们总是生活在虚假的自我中，那么不管是换了一份新工作还是开始了一段新感情，我们还是会找不到人生目标。我们可能会挣更多的钱，获得更高的地位，自己扮演的角色赢得更多的社会认同。然而，这些一旦消失，我们又将回到原点。正因如此，那些愿望清单中的豪华汽车、浪漫假日和别墅大宅都是烟幕弹——它们一叶障目，让我们越来越远离真实的自我。所以，与其追逐财富地位，不如静下心来问问自己："我现在和那个最真实的自我取得一致了吗？我现在做的事和我最真实的感受相符吗？"

让我们把愿望清单中那些肤浅的内容删掉吧，然后问自己一些关键问题：

我今天要成为谁？现在这个女人是最真实的自我吗？

我今天不能成为谁？我能改变这些性格和气质吗？

为了做真实的自己，我还需要生活再给我些什么？

为了做真实的自己，生活中有什么是我不想要的？

此时此刻，我可以通过什么方法让自己换种心理状态呢？

这些关键问题都和自我成长有关。当我们每天都关注这些问题时，注意力就会发生转变——从在外部世界寻找能够满足我们的东西，转向探索内部世界。当我们关注内心，远离那些使我们丧失真我的人和事，亲近那些使我们接近真我的人和事时，我们就会逐渐和自己的内心保持一致。一旦和内心保持一致了，不管做什么，哪怕只是煎个鸡蛋、给孩子洗尿布或者唱一首歌，都会觉得和自己的人生目标相符。所以，人生目标的真正含义就是热爱生活、和内心连接。失去了真我，也就失去了人生的目标。

我们可能从事着全世界最神奇的工作，但如果不能全情投入，或者感受不到其中的乐趣，那无论是什么工作，到头来都是没有意义的。所以我们才需要找出做事的原因和动机。如果做这件事情的初衷和最终的结果并不一致，我们就永远也感受不到人生目标。所以，审视内心才是拥有人生目标的关键。找到了真我，就找到了现在和将来的人生目标。

为了理解人生目标在什么地方，我们必须理解人生目标的本质。它是由什么组成的？当它在我们心中出现时，我们怎么知道就是它？

人生目标就是感觉到自己的存在

人生目标和人生须臾不可分离。人只要活着，就有目标。我们最根本的目标是活着，而且要感觉到自己活着。只有时时刻刻意识到自己是谁，才能做到这一点。当某个时刻我们与内心失去联系，感觉不到自己还活着时，自然就失去了对人生目标的感知。当某个时刻我们和内心连接，能够感知到自己时，人生目标就显现了。

和人们的普遍看法相反，人生目标并不只属于那些幸运儿或特权人士。它是我们每个人心里都拥有的东西，需要我们认出它、承认它。因此，只有在觉醒时，在感受到自己的存在时，人生目标才会出现。

人生目标就是感觉到自己的存在，而存在就是真实的自我和内心的连接。这二者相辅相成。它们是互相重叠的圆圈，在圆心处彼此相连。我们无法把它们分开。不幸的是，很多自我完善的努力没有认清这二者之间相互依存的关系，把人生目标和我们的存在当作两件事来看待了。

当我们理解了所有事物之间的相互联系，我们和人生目标之间就产生了一种新的关系。我们不会再问："我的人生目标是什么？"而是问："是什么阻碍了我找到真正的自我？"现在我们明白了，只要一直停留在虚假的自我里，就会失去人生目标。当我们与真我在一起时，无论做什么，都符合自己的人生目标。我们最大的目标就是活出真实的自我。

社会一直向我们灌输这样一种观念：人生目标是通过做事来实现的，包括取得的成就、是否成功、是否富有、儿女是否优秀、是否事业有成等等。但这些和真正的人生目标没有什么关系。当我们接受这个观念，认为这些东西赋予了我们人生目标的时候，我们就会再次追逐那些身外之物，并最终迷失在幻想之中。我们会责怪自己，认为自己没做好。但当我们发现，这番追逐的结果只不过是又得到了一堆没用的东西时，我们就会知道，真正的人生目标从来都不是通过做事来实现的，它只能通过做自己，也就是通过认清我们的存在来实现。只有这样，我们才能理解人生的真谛：真正的人生目标来自真我本身，回归内心才是人生的终极目标。

人生目标和我们的存在可以相互代替，但永远无法分开，它们注定一生在一起。它们的后代是什么呢？是人生的意义。

当我们通过人生的目标和我们的存在，在每个特定时刻都展现出真实的自我时，这些时刻就被染上了一层深刻的、意义深远的色彩。现在，一切都有了意义。没有孤立的、随机的事件。一切对我们而言都有了更深刻的意义。我们开始目不转睛地关注一切，就像学生关注老师一样。生活的每时每刻都成了我们的镜子，照出我们需要不断研习的进阶内容。就这样，人生的意义无处不在。我们会不停地自问：这一刻将教会我们什么？我们知道这一刻总有目标，总会赋予它意义。这样一路走来，我们的生命就不再是无意义的、随机的或者徒劳的了。每一刻都是鲜活的，充满了经验教训和个人成长的可能。

很快，隐藏在各处的人生目标就会显露出来，并扎下根来——我们现在可以把人生目标作为要完成的任务，去付诸行动了。我们会将内心的感悟以一种外在的、可感知的形式展现出来。随着对内心审视的不断深入，我们会越来越接近真实的自我，开始疏离那些与真我不合拍的人、行为和环境，毅然决然地向那些合拍的人、行为和环境靠拢。

现在，我们做的都是能够点亮生活、带来快乐的事情。我们再也不会浪费时间在那些别别扭扭、勉为其难的事情上了。长此以往，我们会发现自己做什么都越来越有激情，越来越快乐。

记住：人生目标是由内而外揭示出来的，而不是从外部寻找到的。

生命中的每一刻都包含人生目标

觉醒后，我逐渐意识到，生命中的每一刻都包含着人生目标。在那以前，我太看重事物的外在表现了，完全找错了地方。我还以为人生目标会以某种特定的方式显现出来。

现在我终于明白：人生目标不是事物呈现的模样，而是我看待它们的方式。

我开始和我所有的人生经历“热恋”——我的写作、我的亲密关系、我的演讲、我的烹饪、我的锻炼、我的儿女。每时每刻，我都对自己的人生目标深表敬意。当我拥抱当下的时候，我也拥抱了我与当下的联系。当我拥抱与当下的联系时，我也拥抱了我的人生目标。“当下”就是我的礼物，而不是包裹礼物的装饰物。

当我的内心匮乏时，“当下”永远是痛苦的时刻。为什么？因为我把内心的空虚转移到了当下。但当我的内心充满愉悦时，“当下”突然变成了充沛、饱满的时刻。比如，如果一个工作项目让我倍感压力，总是担心事情失控，总在琢磨着无数种可能性，那我肯定会疲惫不堪。在这种内心混乱的状态下，如果我的女儿做了什么与我的期望不符的事，我很可能会对她发火。我会把内心的混乱投射到她的身上，投射到我们之间的关系上。你知道这有多容易发生吧？事实上，对我们大多数人来说，每天都可能发生这样的事情。

我们生活的世界让我们习惯于把内心的不满向外投射，要么责怪他人，要么放纵自己。当我们感到和内心脱节时，会马上假设外部世界有什么东西不见了。所以，当你下一次为了让自己开心或者为了让生活有意义，而去责备、消耗或者完成外部世界的某件事时，不妨先停下来问问自己：“我现在缺失的到底是什么？”答案往往和你对人生意义的追寻有关。你可能在寻找某个人的认可和赞同，寻找某种归属感，寻找爱，寻找价值感。这些才是你缺失的东西。

一旦反求诸己，关注点就从外部世界转了回来，那些我们一度认为能够成就自我的事物就失去了力量。只有我们停下来，审视内心，并提出我在前面建议的那些问题，我们才能开始清理自己混乱的认知，并认识到，所有的缺失其实都是内心的缺失。

人生目标无穷无尽。你做过的和正在做的每件事都有目标，都有深刻的意义。当你用这种新方式看待自己和自己的生活，你就能重新构建所有人生体验，这是能让你到达觉醒状态的一个关键步骤。你会看到童年的所有过往，看到它们之间的因果关联是如何让你走到今天的。

结果就是，你不再怨恨或者后悔曾经发生过的任何事情。相反，你会惊叹它们成为改变你人生轨迹的契机，对它们在你觉醒过程中所起的作用满怀感激。你现在的想法只有一个，就是个人成长。时刻怀有这个想法，你和人生目标就合二为一了。你的人生目标每时每刻都会陪伴着你，你终将与周围的大地及万物的活力融合在一起。

第21章

共情：清楚看待自己，准确理解他人

不同情自己就无法同情他人
不接纳自己就无法接纳他人
在满足自己的需求之前，你无法满足别人的需求
压抑在心底的东西早晚会显露
这是每个人无法回避的真相。

在一次采访中，有人曾问我对共情的定义。我回答说："爱自己。"那位采访者被我这么快的回答吓了一跳，连忙补充道："不，我说的是对别人的共情。"我直视着对方的眼睛，答道："是的，我知道。我的回答是一样的，'爱自己'。"

长期以来，人们都认为共情指的是同情别人。我活了几十年，起初也是这么认为的。那时我还不知道这个真知灼见：对别人的共情只能来自对自己的同情。

我们的许多行为背后的一个最大动机就是排斥自己，而不是爱自己。只要你是这样的人，你就会远离真我，无法和内心

取得一致。如果我们不断地排斥自己，我们就会害怕被别人排斥，从而不断地从别人身上寻找意义。

以前，我总喜欢念诵这句咒语："看到我，看到我，看到我。"更具体地说就是："以我希望你看我的方式来看待我，这样我才能感觉良好。"我们几乎没有意识到，自己对别人的百般殷勤是出于更深层次的需要，甚至超过了被爱的需要。我们害怕被人拒绝、被人排斥。

你有没有过这种情况：为了融入某个圈子，变得自己都不认识自己了？你开始穿某个牌子的衣服和鞋子、梳某种发型，或者开始拼命读某些书、看某些电影，只是为了和朋友有的聊。这么做的原因就是自我排斥。我们会排斥自己，所以也害怕被别人排斥。我们在自我厌恶中斩断了自己的一部分，以便让自己以某种特定的形象出现在别人面前，让别人接受我们、别抛下我们。我们认为是别人抛弃了我们，其实不然，是我们首先抛弃了自己。

你听过自己内心的声音吗？你记录过自己潜意识里的思想吗？你可能会被它们吓到。你可能会发现，自己内心的声音是多么残忍和负面。拿起纸笔，把你所有的想法都写下来。如果你现在什么都想不起来，那就回忆一段不堪的往事，把你对这件事的想法都写出来。观察你谈论自己的方式和你的用词。你可能会惊讶，怎么会对自己这么严厉？你会发现，你对自己缺乏同情心。

我们总是认为，共情是对别人的，很少认为它是对自己的。也许我们认为，同情自己就是傲慢、自大或者自恋。实际上，同情心与这些完全无关。共情的关键是不带偏见地理解和接受自己。当一切顺利的时候，我们很容易同情自己或者他人；而当事情不尽如人意的时候，我们仍然能表达同情，这才是真正的挑战。当看到自己不那么理想的部分时，你还能接受和理解它吗？如果能，那么你已经可以同情自己了。

不同情自己，就无法共情他人。共情他人都是从同情自己开始、以同情自己结束的。如果我们连自己都不爱，又怎能爱别人？

整合起破碎的自我

同情自己意味着接受自己的一切——好的、坏的、美的、丑的。我们甚至要同情自己身上那些不值得同情的部分。我们必须像慈母看待自己的孩子那样，认为自身的每个部分都有可取之处。慈母并不只喜欢长得高的或者长得漂亮的，她觉得所有的孩子都有可爱之处，因为她是看着他们一点一点变成这个样子的。同样，我们也可以试试，看看能不能理解自己身上的每个部分。

以前，如果我对女儿发脾气了，我会非常自责。我很讨厌那样的自己，认为自己不配做母亲。我知道这样做是不对的，只能让自己更讨厌自己。我对自己缺乏同情心。深入挖掘之后，我发现我对自己极其苛刻。我让自己背上了一个难以承受的负担，总是要求自己完美无缺。

我的体内有两个部分需要得到我的同情——其一是我不完

美的部分，其二是厌恶不完美的自己的那个部分。我必须同时爱这两个部分。我不是逼着自己停止苛求，而是开始同情自己，同情自己像个管家婆一样总在责备自己的不完美。我不完美的部分其实很真实——我当然容易犯错，犯一些人人都会犯的错。而那个讨厌不完美自己的我其实更可怜，这样的我总是在苦苦地追求完美。

我们所有人都是如此。我们都有苛求自己的一面，我们认为应该把这些问题消灭掉、埋葬掉——事实上，也许是该这么做。但要做到这一点，你首先要同情它，对它出现的原因抱有同情。当我们对自己的这一部分表现出理解和关心之后，它就会慢慢消失了。这就是同情的意义所在——理解我们身上的所有部分，即使是冷漠、不关心他人的部分。

如果我们嫉妒自己的朋友并为此感到内疚，我们有两个部分需要同情——嫉妒他人的部分和对嫉妒感到内疚的部分。你明白我的意思了吗？有时候，我们身上可能有三个或者四个不同的侧面，都需要我们去理解。简单地切下一个部分、丢掉一个部分并不能解决问题，只会进一步加剧我们对自己的厌恶。只有理解并且整合了自身的所有部分，我们才能获得平静。

对待焦虑和愤怒的情绪尤其如此。我们越否定自己心中容易焦虑或者愤怒的部分，它们就越严重。要让这些情绪缓和、平息，首先要接受它们的存在。越抗拒，这些情绪就越强烈。

你可以从与孩子或者伴侣交往时的反应中看出这一点。当他们的情绪变得很负面，而你的反应也同样负面时，结果难道不是会变得更糟、更负面吗？如果一味地拒绝而不是接受，其实是在火上浇油。认清了自身每个部分的本质和价值后，我们就不会再认为有必要去争论它是不是有意义了。它们都是可以接受的，值得认可的。一旦我们接受了它们，它们也就不再需要通过吵闹来引起注意了。它们会慢慢消失，就像被施了魔法一样。接受就是魔法。

完整的人性

同情自己不等于尊重自己或者认可自己。后面两点关注的是对自己正面的、高度的评价。而同情自己并不关心这两件事。它和我们自我感觉是否良好没有关系，只关心我们是否接受自己。自我同情并不是要我们更快乐或更怎么样，它是而且只是一件事：接受自我。我们不需要把自己和别人比较，觉得自己比别人好或者比别人差。这里无须任何评判或者比较。我们看到的就是我们的样子，要接受自己看到的一切。即使我们要进行评判，也必须以同情的眼光看待被评判的部分。

尊重自己强调的是自我感觉良好，强调对自身正面品质的赞扬。而同情自己超越了这一点，我们还会爱自己那些不那么值得赞扬的部分，并允许它们按照原本的样子继续存在下去——没有修补，没有改变。这就要求我们把自己看成一个不完美的人，一个普通人。当我们不再想象自己与众不同，承认自己也有混乱不堪和经常犯错的一面时，我们就拥有了完整的人性。这时，我们对自己的期望也只是不同程度的不完美而已。

我们不再用二元论的方式看待内心，不再用非黑即白的观点看待自己。我们不再认为自己缺了这个少了那个，而是把自己看成一个整体，就在此时此地，就是我们现在的样子。当然，我们知道自己还在进步，但这并不意味着此刻的我们是不完整的。当我们把自己看成一个完整的个体时，我们能将各种自我的碎片整合起来，汇集成一个完整的、统一的整体。

只有害怕被人拒绝，我们才会丧失勇气。如果完全接受了自己，又怎么会担心被拒绝呢？这两件事不可能同时发生。别人能够拒绝我们的唯一原因就是，我们在内心深处认为自己是可以被拒绝的。而我们之所以这么认为，唯一原因就是，我们早就拒绝了自己。

如果我们接受了自己的全部人格特征，那么再听到别人的评判，我们就会泰然处之。如果他们指责我们“恶心”或者“冷漠”，我们就只可能有两种回应：要么同意对方的说法——因为我们接受自己的确存在这个部分——然后继续走自己的路；要么不同意——因为我们知道自己并不是这样——然后继续走自己的路。不管怎样，我们都不会抗拒别人对我们的评价。他们对我们的看法只是他们的看法而已。我们不会剥夺他人评价我们的权利。我们尊重这一点，并为他们能够自由地持有观点而感到高兴。

一旦我们完全接受了自己，其他人的看法就不再重要。我们不和其他人争高下，我们对自己的方方面面都胸有成竹。没有必要去和别人比较。每个人都是完整的人，只是优势劣势、长处短处各不相同而已。

希望自己像另一个人，或者希望自己被他人喜欢，都是在否认自己的不同。一旦接受了自己，知道自己是一个拥有一系列特征的个体，我们就不会再幻想或希望自己拥有那些自己不具备的特征了。我们接受了自己的身高、长相和智商。如果有可以改进的地方，我们会努力改进，但我们不会与自己的本质特征较劲了。

同情自己的核心作用就是让自己放松下来。放松是一切疾病的解药。当我们内心轻松、宽容，对自己没那么多苛求的时候，我们就会让心情自在流淌，允许自己改正错误，卸下情感的重担。我们告诉自己，搞砸了没关系，下次可以再接再厉；或者告诉自己，做到这样就已经足够好了。

当我将完美的标准降低到只要努力做到最好就可以时，我这个做母亲的就像换了一个人一样。我不再冷酷无情地逼迫自己达到高标准，也不再这样逼迫我的女儿了。当我放松下来，接受自己的天性后，我对女儿也放松了下来。我越少用批评的眼光看待自己，就越少用那种眼光看待她。

这就是对自己给予同情心的魔法。当我们解放了自己，完全接受了我们的人性时，我们也解放了他人。意识到我们是如何继承了那种不正常的亲密关系和爱情模式后，我们就会知道，别人也继承了类似的模式。就像我们不会指望自己一次就能改正所有不好的性格一样，别人也做不到。我们会在别人身上看到我们自己的影子，也会在我们身上看到别人的影子。我们既不比别人好，也不比别人差。

释一行禅师（Thich Nhat Hanh）的诗《请用我的真名呼

唤我》（Call Me by My True Names）呼唤的就是对自己的同情。他描述的“我”可能有一系列身份，有不同的品格——例如，可能是被强奸的人，也可能是强奸别人的人。作为个体，我们并没有分别。我们在彼此的身上看到了自己。我们谴责“外面”的那个小偷。但如果某天情况有变，我们也可能就是这个小偷。同样，我们批评的“外面”那个容易发火、总是怒气冲冲的人，可能就是我们过去或者将来可能成为的人。这完全取决于我们成长的环境。

当父母们向我坦白，说他们在对孩子发脾气，生他们的气，甚至动手之后，总是羞愧难当。我告诉他们，我过去和他们一样，将来可能还会和他们一样。这只是环境状况的问题。我的共情和理解、我的感同身受，让他们的羞愧感大为减轻。他们开始以我为参照，理解自己。从这里出发，他们将会获得成长并成为更有爱心的人。如果没有得到我的共情和理解，他们就会陷入内疚和羞耻感。而内疚和羞耻感都会阻碍他们成长。

接受自己的阴暗面需要对自己具有无限的同情心。大多数人都否认自己的阴暗面，或者为这些阴暗面找各种借口。只有完全承认它的各个组成部分，我们才能理解自己和他人。

你可能会问：“我怎么可能共情我不喜欢的人呢?”我总是解释说，共情意味着理解和接受自己的样子和别人的样子。但这并不意味着我们赞同或者鼓励这个样子。这只意味着我们理解自己和别人是如何走到今天这一步的。然后，我们就可以自由地选择是继续这样下去，还是做出改变。

一旦我们看到，所有类型的行为模式都有可能存在于我们身上时，就会满怀同情地接受这个现实，知道这些阴暗面都有可能存在于我们心中。同时，我们会推己及人，将这种善意推广到其他人身上。在匆忙做出评判之前，我们记得要停下来，为他人设身处地地想一想。你要意识到，你和他们之间唯一的区别就是生活环境。你要看到彼此之间共同的人性，要把他们的行为和他们所处的困境联系起来，而不是割裂开。这就是我们互相帮助、彼此进步的方式。我们搭建桥梁，是要走向彼此，而不是加大分歧。

我们所有的痛苦都源于不肯接受自我。如果能体会自己的全部可能性，并满怀同情地接受这些可能性，就会把自己看作具有各种人性的普通人。一旦发现这种底层的一致，就进入了一个人类的共同体。我们都在同一条船上，每个人都在自己的不安全感中苦苦挣扎。认清这一点，痛苦就停止了，我们比以前更能感受到别人的痛苦了。我们的同理心增加了，我们的亲密关系变得更加深厚了。这一切都始于我们对自己的同情，也终于我们对自己的同情。

第 22 章

自我养育：做自己的父母

当我们觉醒后，我们就会原谅父母不尽如人意的地方
我们不再期望和要求他们
我们激活了自己心中的父母
抚平父母留给我们的伤痛和缺失
我们不久就会发现，我们是自己永远的治疗师。

我告诉所有年龄上已经成年的来访者，如果他们超过了二十岁，要想最终治愈，就必须走出被禁锢的童年，并且摆脱父母对他们的影响。对大多数人而言，这一概念简直闻所未闻。他们一直相信，自己永远是父母的孩子。不管受到过多大的伤害，彻底摆脱父母也是难以接受的。如果没有这些过去，没有他们成长的环境，没有他们接受的养育，他们还能是谁呢？

我仍然记得，在我父亲六十五岁退休后，当我注意到他不再“像个父亲”那样关注我时，内心感到的沮丧。那时我二十八岁了。他似乎很愿意按照自己的计划安排退休后的生活，

对我的生活细节不太关注了。就好像他已经完成了父亲的工作。一开始我很生气。看着他甩手离开，真想发脾气。我觉得他这样做是在针对我。然而，当我带着这种感受过了大约十天后，我产生了一种全新的认识。如果他的确做完了父亲的工作呢？这对我来说意味着什么？这到底有什么不好？我们有没有可能在一个更自觉的层面上成为朋友？

其实，我当时已经在美国定居，很少见到他。于是我深入研究了自己的恐惧。我恐惧的并不是他不在我身边或者不爱我了，他只是不像以前我习惯的那样关注我了而已。我不禁自问，我为什么需要父亲像我一直认识的那样一成不变呢？既然我已经是个自食其力的成年人了，为什么就不能放手，让他成为他想成为的人呢？我不可能担心他不再爱我，因为他非常爱我，我感觉得到。我也不可能担心他不再认可我，不再承认我的价值，因为他始终认可我、承认我的价值。那我到底担心什么？啊，答案突然有了。我害怕长大，害怕以后不能再依赖这个父亲了。

我其实还没有做好准备成为一个完全独立的成年人。现在回想起来，倒是我的父亲先我一步。他比我更早地认识到我已经成熟，准备好独自飞翔了。他抽身而退，不是不爱我，也不是背弃承诺，而是因为现实到了这一步。他充满智慧地认识到，与其在不需要的地方插手，不如专注于其他的事情。他在我生命中最重要的时期已经过去了。他用自己的方式，把照顾我的接力棒传给了我。只是我还没有准备好单飞，但那正是我当时需要做的事。

离开我们的父母

当我们还是孩子的时候，常常意识不到我们的父母也是人，也会犯错，也很平庸——有时甚至笨手笨脚，会搞砸事情。年幼的我们以为他们无所不知，无所不能。等我们十几岁，进入青春期时，父母的完美形象在我们面前崩塌了，我们瞥见了他们凡人的一面。通常情况下，我们会对他们失去兴趣，逐渐疏远，更多地和同龄人在一起。然而，我们仍然期望他们会永远在那里等着我们。如果他们没有，我们就会感到受伤和失望。

我有一些来访者，六十多岁了，心理上仍然没有走出断奶期。他们完全离不开父母，始终扮演自己小时候的角色。如果子女一直没有真正长大，无论是父母还是孩子都不会放手，双方就都有可能把对方的生活搞得一团糟。

事实上，我们大多数人并不想长大。我们习惯待在和父母相互依赖的关系中，一旦离开，就会看不清自己的身份。在父母眼里，我们永远不会长大；而我们自己也认为没有必要长大。这种停滞不仅是不正常的，而且对子女和父母都是有害的。

我们成年后，只要仍然依靠父母获得舒适的生活，得到他们的保护和照顾，就永远无法激活内心的潜力。我们不仅不会成长，还会拖累年迈的父母，阻碍他们进入人生的新阶段。

离开父母，和父母保持距离，并不意味着冷漠或者自私。正如我们在前面讨论过的那样，这是为了享受健康的、独立的生活而必须做的最重要的事情。尤其是在父母和子女的关系上，在某个时间点上，双方都需要放手，让对方自主地、自由地生活。不管子女是否同意，在某个时间点上，父母都需要停下来，不再供养子女。作为子女，要想精神健康，就需要成长并过上自食其力的生活。

如果给父母养育我们的工作设置一个截止日期，会怎么样？让他们在我们到了一定的年龄后，不再担任父母的角色，会怎么样？如果我们在成年一段时间后，让他们自由选择想成为怎样的父母，会怎么样？

消除了对成长的恐惧之后，我就告诉父母："你们现在不用照顾我了。你们已经做得够多了。你们已经有权从父母的'岗位'上退休了。养儿育女的工作不是'无期徒刑'，你们是自由的。现在，是我做自己父母的时候了。"母亲听到这话，以为我不再需要她了，哭了起来。但父亲理解我。他点点头，笑着说："是的，你不再像以前那样需要我了。我永远在这里，永远是你的朋友。如果可以的话，你现在可以照顾我了。"

让父母从养育子女的工作中解脱出来，告诉他们儿女已经准备好了，可以掌控自己的命运了——这是我们送给父母的重礼。解开他们的围裙，接过他们的指挥棒。这一过程要由父母和子女共同完成。经过这件事，你们可能会真正地在精神上凝聚在一起。

不再纠结于过去

让父母放下养育子女的重担，也就原谅了他们过去的过失。这不是一件容易的事，尤其是在经历过童年创伤的情况下。很多人的心头仍有怨恨，仍有未能释怀的痛苦，这完全可以理解。

我知道我的很多来访者一直在责备父母，一直都不能释怀。他们无法消除过去的伤痛。如果你也是其中之一，我想让你知道，我理解你的感受。如果你因为别人的错误而失去了童年的幸福，你可能会怨恨、愤怒。这很正常。然而，我还希望你知道的是：对于父母或其他相关责任人，你怨恨的时间越长，你就越离不开他们。因为你和他们已经在情感上纠结在一起了。

成年后，在某个时刻，我们会严肃思考，做出决定：还要把过去的怨恨扛多久？究竟什么时候才能对父母的过错释怀？我们什么时候才能对自己的现在负责？

当我们决定原谅父母在我们童年时犯下的错误时，我们满怀着共情，终于理解他们也是凡人，也有不可避免的局限性。我们不再从孩子的角度看待他们，而是真正看到他们的本质。他们可能有很多的缺陷和不足。但在这个过程中，我们同样会看到他们心中巨大的痛苦。当我们接触到他们内心的痛苦，并和他们的童年经历产生共鸣时，我们最终会意识到，他们不仅仅是父母。我们会看到他们的过去，看到他们在这个苦乐参半的世代传承中的位置。也许是第一次，我们终于明白这种模式是如何在整个家族中世代传承下来的，并且意识到自己有能力阻止这些错误再盲目地继续传承下去。

我们不会为自己的童年惋惜，也不会为与父母的关系哀叹，把这些缺憾看作一种馈赠，可以帮助我们成为今天的自己。我们终于明白，每个人的童年都有各自的问题，于是不再认为自己的童年格外不幸。过去的事情就留在过去吧，从现在起，我们会掌控自己的命运。

我们可能会认为，离开父母是为了他们好，这就大错特错了。这件事对我们而言比对他们重要得多。只有当我们完全离开他们，我们才能去做一些一直要做的事，那就是内心的成长。

让心中的父母安抚我们停留在童年的部分

离开父母是我们迈向情感解放的重要一步。但这只是第一步。此后才是真正的工作：成为自己的父母，自己养育自己，完成父母当年没有完成的事。但是，我们现在是从成年人的角度做这件事的。

阅读这些文字就是自我养育的一部分。通过审视内心、自我反思，我们的情感成长不再是父母的责任，而是自己的责任。这是迈向真正“成年人”的道路——从小女孩成长为觉醒的女性。

自我养育是心灵和情感发展的关键。这意味着我们要纠正自己内心中那些在错误信念下成长起来的部分，比如觉得自己一无是处、不被认可、无关紧要等等。我们要意识到，我们养育的这个“孩子”只是我们过去生活的反映，而不是现在这个成年人。我们要治愈这个孩子。她是我们过去生活的一个投射。

这个“孩子”以何种方式呈现？它会体现在我们对自己说的话上，也就是我们内心那个不真实的自我发出的声音。我们心里都有声音，有些是善意的表扬，有些是严厉的批评。我有一个同事叫埃莉，她曾经把自己内心的声音称为“一群在那里胡说八道的浑蛋”。这些声音是内心的这个孩子在我们成长过程中内化在心中的声音。它们是那么真切，以至于我们还以为这就是真实自我的声音。有些声音需要我们倾听，并安抚它们；有些声音需要马上停止；有些声音我们可以充耳不闻。根据这些声音的特点，我们需要采取不同的策略。就像父母对孩子要因材施教一样。我们需要关注内心的声音，并尽可能用最适合的方法来对待它。没有什么药包治百病。

我有一位亲密好友叫亚莉克莎，她的例子最能说明该如何做到这一点。她向我讲述了她精神上的痛苦，还有不断遭到拒绝、感到一无是处的滋味。亚莉克莎之所以有这种感觉，是因为她相信了自己内心的声音。我让她详细告诉我这些声音是什么。她立刻哽咽起来，哭个不停。她说：“我实在不好意思跟你说这些。”但她接着把这些声音告诉了我：“你又蠢又丑。你什么都做不好。为什么会有人想和你在一起？你真是个麻烦。”当我问她，听到这些声音让她想起了谁，她立即回答：“我的父亲。”

你明白我的意思了吗？这些声音并不是她的真我发出的声音，而是她从她父亲那里听到的，并内化成了自己内心的声音。

虽然亚莉克莎知道，她在酒鬼父亲的虐待下遭受了巨大的痛苦，但她并没有意识到，她把父亲的声音内化成了自己的，她对自己的折磨比她父亲对她的虐待更严重。在我们谈话之前，她一直以为这些声音是她自己的。当我对她说，她实际上变成了自己的残忍的父亲时，她大为震惊。这些负面想法都是她自己一手缔造并诠释的，她真正的父亲并没有参与。

她一边哭，一边描述自己被内心的声音撕裂的感觉。我让她做个比喻。她说："它们就像我体内的蟑螂，爬来爬去，传播细菌。我只想逃离我的大脑，逃离我的生活。我不想起床，因为它们每天都在那里。我想死。"

我鼓励她直面这些"蟑螂"，动手消灭它们——不和它们废话，直接用觉醒的鞋底把它们一个个拍死。要做到这一点，她首先要面对每一个声音，指认出来，然后把它们看作自己尚未觉醒的那部分内心。她要把这些声音看作一个代表，代表虐待她的父亲，然后抛掉它们。只有这样，她才能把"蟑螂"和她这个时刻的真正自我区分开来，并把它们视为她过去生活残留的遗迹。

亚莉克莎十分抗拒。她说她最不想做的事就是直面童年的恐惧，她这辈子都在躲着它们。我告诉她，她也许可以避免谈论过去，但她每天生活在痛苦之中的事实表明，她永远不可能逃离。是时候正视过去并处理内心的创伤了。

我们不可能逃离自己的过去。只有勇敢地面对自己的创伤，才有可能治愈它们。这需要很大的勇气，我们要重新构建一个全新的自我形象，不再被恐惧、被动、顺从或者责备束缚。要意识到，为了改变明天，要从今天开始重新塑造我们的每个部分。

这段旅程要从改变我们的思想开始。“我对自己和周围的看法是什么？这些看法从何而来？我脑海里回响的声音是谁的？这是我自己的声音还是我所在的文化发出的声音？我如何改变，设计一个新的自我，以便发挥我最大的潜力？”针对我们未曾反思的过去，我们要一个声音一个声音地消除它们，一个谎言一个谎言地揭穿它们。这样，我们才能自觉地建立一种新的生存方式。

如果我们在很久以前受到过某些创伤，那么在前进的道路上我们就要意识到，真正的自我，我们的本心，绝对不会受到这些创伤的影响。受到伤害的只是一部分虚假的自我，而不是我们真正的本心。我们的本心永远不会受到伤害，它只会在成长的道路上受到阻碍。我们在有些方面的行为方式仍然像个孩子，在自我养育的过程中，我们要找出这些方面。这些行为受到原生家庭的影响，会在生活中的某些方面阻碍我们的成长。

自我成长的前提是要弄清楚在哪些环境下我们表现得像个孩子。激活我们心中的父母是成长过程中至关重要的一步。我们把心中这个父母的存在状态以及声音具象化，形成一个在现实生活中不可能存在的父母——这样的父母理解我们，懂得安慰我们，而且会给我们一个安全的空间，让我们表达真实的自我。

如果感到焦虑，我们心中的父母不会置之不理，或者去外部寻找原因，他们会介入并向我们提供建议。他们可能会问：“你为什么焦虑？是什么引起了你的焦虑？我们该怎么支持你、帮助你，满足你的需求？”他们与我们受过创伤的那部分内心交谈，倾听它的声音。我们感到焦虑的那部分自我可能会说："我害怕自己不够好，害怕别人会拒绝我。"接着，我们心中的父母就会发现其中的原因，并问道："你触发了什么回忆让你产生了这种感觉？你现在想到的是哪件往事？"我们心中仍停留在童年的那个部分可能会回答："我记得我妈妈说我很蠢，永远不该在公共场合发言。"

通过不断的交谈，心中的父母倾听我们哭诉过去，并试图揭示我们当前情绪背后真正的原因。就像一个出色的治疗师或者贤明的圣人一样，心中的父母安抚了我们内心还停留在童年的那个部分，让我们获得了价值感和归属感。我们内心的这一部分感到有人在倾听，感到有人能理解，会马上放松下来，对情况有了更深入的了解。它不再盲目地通过情感反应表现自己，而是通过内心的对话给自己时间停下来反思。通过不断地和真实的自我交谈，我们心中被困在童年时期的那个部分走出了阴影，让我们重归完整。只有这样，童年时遭受的创伤才有机会治愈。我们不再认为有必要把这些旧的部分从自身分离出去，因为它们只是过去生活的投射。

过不了多久，我们对过去生活的回忆，对未来的期望以及我们的亲密关系，就不会再被童年时期的阴影产生的有害畸形模式影响了。当真实的自我最终成形时，内心世界会变得和谐统一，和外部世界的关系也会与内心的感受保持一致。

激活心中的父母是我们主动肩负起自我成长和自我治愈重任的方式，是我们送给自己的礼物。通过不断地追问自己"我现在需要什么""我现在能给自己什么"，我们能激活自己的内在资源，治愈很久以前受到的创伤。

如果我们不肩负起养育自己的责任，就会找遍全球，疯狂搜寻父母的替代品。在某种程度上，大多数亲密关系就是这个样子——两个人都在对方那里寻找父母。当我们把责任推到对方身上，让对方做我们的父母时，事情就会变得一团糟。很少有成年人具备这种能为他人提供服务的心理技能。而且，这也不该是他们的责任。

当被对方强行赋予这种责任时，他们就会滋生怨恨。许多女性抱怨说，她们感觉自己在亲密关系中好像成了对方的母亲。没有人想要背负这种责任。如果一个女人碰巧承担了这种责任，到头来只会让对方走上一条不健康的道路，她实际上是用一种阻碍对方成长的方式照顾对方。

自我养育包括给自己一些工具和技能，来管理我们的内心世界。这些工具和技能是我们从父母那里没有得到的。它要建立一个管理内心情感的工具箱，里面充满了各种词语，可以帮助我们找到自身的价值和力量。在合适的时候，我们心中的父母可能会这样说：

> 我理解你的想法，我倾听你的声音，我认可你；
> 你这个样子就够好了；
> 你不需要变完美；
> 有这种感觉是正常的。你所有的感觉都是正常的；
> 你的力量难以想象，你可以做到这件事；
> 你有能力，你有价值；
> 你有资格说出自己的愿望，发出自己的声音；

你的想法很重要；

童年时发生的事不是你的错；

不要害怕设定自己的边界；

是时候接受真实的自己了，不需要向任何人道歉。

心中的父母是我们最大的支持者和指导者。他们有时和风细雨，有时又让我们如坐针毡。就像在现实中，有时需要父母安慰，有时也需要和他们划定边界一样。我们对自己也要这样。

自我养育，做自己的父母，这意味着推翻我们以前的生活习惯，建立一种更健康的生活方式。这需要我们有足够的勇气反省自己，真正认清我们以前不健康的生活模式，唤起内心的勇气，打破惯有模式，过上符合当前现实的生活。

在我成长的过程中，我的母亲一直陪伴在我身边。她对别人的事情总是感同身受，充满爱心。然而，由于她自身的局限，她没有教会我设定边界这项重要技能。她害怕冲突，自己不满意的时候只会退缩，无限度迎合别人，直到退无可退，完全牺牲自己。我在潜移默化中学会了用同样的方式处理问题。结果，我在很多段亲密关系中都迷失了自我。因为我害怕吵架，总是希望和和气气的。

我成了受气包，别人想怎么欺负我就怎么欺负我。我总是一肚子苦水，一肚子怨气。不管在哪个方面、哪件事上，我都不会设定边界，特别是在工作中。我不知道如何明确地告诉别人自己想要如何响应、何时响应对方的要求。结果，我被工作压得喘不过气来。我不得不在感情上约束自己，以免干得太多，付出得太多，承诺得太多。我必须学会说“我一会儿再回复你”或者“我得考虑一下”之类的话。我必须建立一种新的神经回路，才不会随口答应别人的要求。我必须抛弃所有本能的反应，逼自己先思考然后再做出回应。最重要的是，我必须学会爱自己，尊重自己。我必须学会做自己的父母。

自我养育的过程说的是要在情感和精神上做自己的父母。只有这样，我们才能完全治愈自己的创伤。我需要告诉自己一些我母亲没有教我的事情。第一步就是不责怪母亲，她对这件事没有责任。我不能因为不会设定边界而总是责怪我在童年时受到的教育。我得自己解决这个问题。我开始研究一些爱心泛滥的人容易出现的经典问题，研究这些人为什么会不自觉地陷入到依赖他人、受到他人虐待的亲密关系中。我开始改变我的惯有模式，并建立了一种反应模式，当边界受到侵犯时就会做出这种反应。

看到我童年形成的惯有模式不断浮现，一次又一次地伤害自己，我深感震惊。我开始同情我的母亲。她在童年时就没学会设定边界，后来成了这件事的牺牲品。我可以把这种惯有模式追溯到我的外祖母——我母亲的母亲——并看到它是如何代代相传的。现在轮到我来破除施加在我们家女性身上的魔咒了。我能够做自己的父母，自学这种有用的技能，并用同样的方式，教给我的女儿这些我从未从自己的母亲那里学来的东西吗？

枷锁接连被打破，我逐渐摆脱了没有原则、爱心泛滥的惯有模式。我开始明白，讨好别人其实是因为缺少自我认同，害怕别人。我需要强大起来，爱自己，肯为自己挺身而出。这些都是我的母亲教不了我的。一开始这样做的时候，我很害怕。我条件反射似的害怕拒绝别人，害怕和别人起冲突。出于本能，我习惯于屈服和退缩，而不是发出自己的声音。

每当我注意到自己旧态复萌的时候，我都会安抚自己，让自己不要恐惧，同时温和地挑战自己，让自己更勇敢些。每一次，我都会说得多一点，然后再多一点。每一次我都要经历最害怕的事，那就是拒绝别人。但我没有向旧的惯有模式投降，而是坚持练习，努力发出自己的声音，在我的人际关系中设定边界。我开始不断地、大声地说"不"和"不能再这样"了。

尽管害怕，我还是舍弃了一些亲密关系，因为它们总让我陷入以前的生活模式。对于分手，我不再难受，也逐渐习惯了独自一人的不适。因为我心中的父母就在我身边，我更信任自己的陪伴。我越来越少地依赖别人的认可，越来越多地尊重自己的声音和自己的生活方式了。

自我养育需要我们创造并依赖自己心中的"定位系统"。与其四处寻找，让别人做我们的父母，让别人指导我们的生活，不如激活自己强大的内心。就像父母鼓励孩子一步一步地学会走路一样，我们也要温和地教会自己按照自己的想法行动。每一次我们自我怀疑，不知道该怎么做的时候，就停下来对自己说："没有人比我更了解我自己。答案就在我心里。审视内心，我就会找到答案。"

当我们学习如何按照自己的想法行动时，我们心中的定位系统就会得到磨炼。它的声音会越来越响亮，我们的自信会让它的胆子更大。我们内心的雷达会探索心中的每个角落。追随着探索的脚步，我们会越来越接近真我，最终抵达目的地，获得最伟大的礼物：自我尊重和自我管理。

治疗师就在你的心中

禅宗有句名言："逢佛杀佛。"这句话的含义深远：佛祖或者指引你的人永远不在身外，而只能从我们的内心中寻找。只要我们认为自己不如别人，就永远无法找到真实的自我。

"逢佛杀佛"中的"杀"在这里是为了让我们感受到精神战士的力量，这种力量擅长摧毁一切幻象。我们需要"杀死"错误的观念，不再把自己看成追随者，而是把自己看成领导者。只要我们依附另一个人，把他当作我们的领路人，我们就会迷失方向。说到底，最聪明的领导者是领导我们找回自己智慧的人，因为他们知道，我们每个人都有能力从内心找到自己真正需要的东西。

每个人的人生道路都需要自己去走。我们欣赏沿途的美景——无论是鲜花还是荆棘——沿着这条路走下去，我们就能找到智慧。而若离开这条路，跟着别人走上他们的路，只会找到虚幻。

从更深刻的角度说，"逢佛杀佛"这种说法是在提醒我们，万物之间相互关联。在外面能找到的东西，在心中也能找到。在别人身上发现的东西，首先必须自己身上有才行。所以，如果在别人身上发现了智慧，就说明我们自己身上也有智慧。对方只是一面镜子。在更深的精神层面上理解这一点，可以把我们从对他人的依赖中解放出来——无论这个他人是父母、孩子、伴侣还是老师。

总有人叫我“老师”，我知道别人很容易把他们的不安全感投射到我身上。投射的方式有无数种，我被贴上了各种各样的标签，受到各种各样的评价。有时，我会被看成一个对孩子疏于照顾的母亲，被贴上挑剔和遗弃孩子的标签——我自己都没有意识到这一点。他们还可能把我看成一个慈爱的母亲，认为我宽宏大量，有教养。或者，他们把我捧上神坛，认为我是一个所有困难都能解决、所有问题都有答案的智者。

一开始，我觉得有必要向别人证明自己。过了一些时候，我感到愤怒，觉得受到了伤害。而当我审视自己的内心，看清了自己后，我才开始明白，这些投射到我身上的身份，只是他人不完整人生的反映，和我甚至完全无关。

明白了这一点之后，我就不再讨厌这些人，转而开始同情他们了。我能够将我的专业知识、对自己的信任与他们在精神成长的过程中需要我扮演的角色区分开。当然，这一切之所以发生，是因为我看到自己对别人也做了同样的事。只有能在自己的生命中“逢佛杀佛”，才能更深刻地、更感同身受地理解这个过程。

我们要把外部世界的每个人都看作自己的反映。人人都是相互关联的。当我们深刻地理解了这一点，就会打破幻觉，不再相信外面的人可以满足我们内心的情感需求了。我们会意识到，我们在外部苦苦寻找的人实际上就活在我们的内心当中。

第23章

距离感：依恋会带来痛苦，因为迟早会失去

我是一个懂得真爱的人，还是一个依附他人的人？

这是我们每个人最终都要回答的问题

依附他人让我们畏畏缩缩，仰人鼻息，受制于人

我们身上绑着锁链，背上挑着重担，手脚被缚，呼吸困难

而真爱恰恰相反。它为我们插上自由飞翔的翅膀。

觉醒后，我吃惊地发现，我的大多数亲密关系都不是出于真爱，而是建立在情感依附的基础上。在那之前，我一直相信自己爱过很多人，也被很多人爱过。这一颠覆性的认知让我深感震惊。我一直认为自己是个懂得真爱的人。所以在发现自己的爱和情感依附交织在一起时，我真的很不安。

作为心理治疗师，我知道自己必须冷静观察自身阴暗的一面，观察我不愿意看到的那个部分。我必须把自己推向新的高度，更加自觉地意识到自己的行为和内心隐秘的思想。通过理

解情感依附和真爱之间的根本区别，我在精神上获得了成长，我的亲密关系也上升到了一个新的层次。也许你可以参照我的方式同样成长起来。

珍视生命不断变化的本质

我们会依恋很多东西：物件、时间、事件、人物、地点、想法。而且，我们依恋得最厉害的正是“依恋”这一想法，也就是情感依附。之所以依恋这些事物，是因为我们不理解生命的本质。生命的本质就是无常。

一切存在都是无常的。没有什么永恒不变的东西。唯一不变的就是变化。当我们不能充分理解这个简单而深刻的真理时，我们就会痛苦。无常意味着一切都是过眼云烟，必然会以某种方式、某种形态或者某种形式离开我们。热爱和尊重生命就意味着要热爱和尊重生命的无常。

所有的事物都在这一刻出现，也在这一刻消失——就在这里，就是现在。当下是我们唯一拥有的事物。但是，它一旦到来，就会立刻离开并且消失。认识到生命的本质，知道一切都是转瞬而至又转瞬消失的，我们就不会再依恋任何事情了。相反，我们会开始关注当下。我在前面谈过，我们会调整自己，集中注意力，让生命的每一刻都充满活力。这样一来，我们就会感激生命中的每一刻带给我们的一切。而当它们消失后，我们也并不会眷恋不已。

当我们依恋某件事情时，会认定自己的存在与它有关。而

“这件事情”赋予了我们意义和认可。但如果我们知道，这种意义和认可本身是一种幻觉——因为意义和认可永远不会来自外面的世界——我们就可以摆脱对“这件事情”的依恋了。所以，无论我们依恋的是什么，它在本质上都是一种幻觉。

这是一个很难接受的观念，特别是在我们已经习惯了以相反的方式生活时更是如此。我们习惯了执着、渴望、依附和占有。然而，当我们明白这些习惯带给我们的巨大痛苦时，我们可能会选择放手。依恋会让我们痛苦，因为迟早会失去这件东西。所以当我们依恋某件东西的时候，要知道这其实是在给自己找罪受。当我们为失去这样或者那样东西而痛苦时，就陷入了一种错误的观念，以为这个或者那个东西已经“离我们而去”或者我们已经“失败”了。实际上，这些事情从未发生过。说到底，我们难道真的能失去本来就不属于我们的东西吗？理解了这一点后，我们就会以正确的心态看待这些事情、地点、人物以及想法，并能和它们正确地联系在一起。我们会知道，这种联系只是此时、此地的联系。

这并不意味着我们与他人的联系不重要或者不牢固，它们很重要。但你需要不断抽身出来，为你们的联系降温。这种联系的中断叫作保持距离。它是一种更为抽象的精神上的概念，非常关键。如果我们要成为更自由的个体，就需要理解它。

我女儿出生的时候，我给她起名叫“玛雅（Maia）”，意思是幻觉。我这样做是为了提醒自己，我对她的依恋是一种幻觉，她是独立的、自由的灵魂。当我把她看作“我的”女儿时，我会立刻觉得自己拥有她，想要控制她。我会把她看成自己的东西，对自己的身份认同变得固定、僵化。随之而来的是各种各样的期望和对所有权的声明，就好像她是我可以握在手里的东西一样。这是大多数父母对待孩子的方式。在这种方式下，我们和孩子都会痛苦。

相反，当我不再把女儿看成自己的财产时，我会把她看成一个通过我来到世间的人。我把她看成宇宙中所有生命的一部分，因此，她不属于我一个人。后一种视角让我从控制她的欲望中解脱出来，她也可以由此自由地过上她想要的幸福生活。

当我们珍视生命不断变化的本质时，我们珍视的是生命的快乐。毕竟，如果我的生理构造永远不变，就不可能怀上我的女儿。我们需要生命的变化。没有它，生命就不能称之为生命，而是死亡。如果毛毛虫永远不变化，就无法羽化成蝶。同样，我们今天也不会在这里，因为我们还是婴儿。你看到了吗？生命的无常正是它生生不息的动力。

要知道我们并不知道

对于经常冥想的人而言，无常这个概念是非常清楚的。我们曾经以为身体是一个整体，心灵也是一个整体，其实根本不是这样。我们认识到，身体是由无数脉动的感觉组成的，而心灵是由无数跳动的思想组成的。正是在这个时刻，我们第一次看清了自己。本质上讲，我们只是各种感觉和思想的集合体。这些感觉和思想潮起潮落，一刻不停。没有什么固定不变的身体或者心灵，它们总是在不停地变化、不停地流淌、不停地转换。

人的思想总在变化，这种观念一开始会让我们迷惑，但很快我们就会释然。一方面，我们可能会感到不安，因为意识到自己的思想总在变动，会有一种永远无法“确定”的感觉；但另一方面，我们会看到，正因为它们总在变动，所以我们可以选择保留哪些思想，丢弃哪些思想。换句话说，我们会发现自己不会被思想奴役。

我们的思想并不会“发疯似的”变化，它们只是总处于变化当中而已。我们身体里的每个细胞也是如此，也总是处于变化当中。自然界的一切都在不断变动着。当我们的孩子情绪变化、发脾气的时候，我们会痛苦；当经济崩溃导致失业的时候，我们会痛苦；当爱人抛弃我们、离我们而去时，我们会痛苦。我们痛苦的根本原因是什么？是我们的错误观念，以为这一切都不应该发生。但根据生命的本质，这一切正是应该发生的事情。事情就是这样，起起落落，就像我们的呼吸一样，一刻不停。你不可能踏入同一条河流，也永远不会有一模一样的时刻。每时每刻，事物都在发生变化。

这种认为各种事物以及我们的身体每时每刻都在经历生老病死的想法，可能会让人非常不舒服。我们可能根本无法容忍这种想法，它会带来太多的焦虑，因为它让我们无法建立起固定的看法，不知道自己是谁，不知道自己的本质特征。并不存在一个可以高枕无忧的已知未来。现在我们意识到，因为事物不断变化，所以不可能预测或者控制未来。这一事实太难消化了。我们越是无知，就会越渴望知道自己的未来。

就人类的本性来讲，我们希望自己知道得越多越好。毕竟，如果事物真的在不断变化，那么接下来会发生什么呢？更重要的是，明天我们会变成什么样子呢？下一刻又会变成什么样子呢？

不难想象，意识到并接受这种未知令人痛苦。我们很难放弃控制的欲望和对永恒不变的渴望。痛苦是生活中很自然的一部分，也是我们的觉醒过程中必不可少的部分。我们无法避免痛苦。我们会失去爱的人和事物，我们会越来越老……这些都无法避免。最重要的是，我们无法预测未来，无论我们多想。

智者知道，当他们可以说出“我知道我并不知道”的时候，他们就已经获得了智慧。他们已经让自己摆脱了对确定性和可预测性的依恋。他们已经知道，自己痛苦的原因就是依恋原本无法控制的东西，于是摆脱了这种依恋。当我们认识到，我们知道的一切都是变化的，因此我们不可能知道一切的时候，我们就到达了一个更高的精神境界。

在这个“我不知道”的领域中，包含着宇宙丰富的奥秘。它的确定性恰恰来自万事万物的不确定。在这里，我们既不寻找也不编造关于创世或者毁灭的奇幻故事，不再企图知道本质上不可能知道的事情。我们把未知留给未知。我们不再盲目自大地回答本没有答案的问题，而是明智地放弃这种希望，转而培养那些我们知道的事情——对当下的觉醒。

在现实中，健康的距离感意味着什么？

在这本书中，我在很多地方都涉及了这个话题，因为它太重要了，尤其对女性而言更是如此。我在这里把它单独列成一节，希望你能看得更清楚，希望这些核心原则能够嵌入你的心灵，这样你就可以轻松地、没有障碍地运用它们了。

有一点很重要：不要把情感依附和亲密育儿法[①]混为一谈。亲密育儿法是一种在父母和孩子之间培养深厚感情的养育方式。亲密育儿法中的依附是有益的，是父母和孩子之间健康纽带的基础。而我在这里使用的“依附”，更多的是从佛教的意义上讲的，它不是纽带和羁绊，而是一种不健康的纠缠、依赖和习惯性的边界模糊。

提起抽身离开或者保持距离，我们可能会立刻把它们与冷漠或者孤傲联系在一起——就好像说我们离群索居、封闭自己、拒人于千里之外，同时又自私、自恋一样。事实上，“保持距离”的意思和字面意思完全相反。它真正的意思是，因为我们理解了生命的本质是无常，所以我们抛弃了所有虚假的执念。我们进入了一种所谓“放手”的状态。放手，或者说“放弃执念”，意思是毫无保留地接受生活的本来面目。

放弃不切实际的期望，爱才有可能不带附加条件。在这种觉醒的状态下，我们才能变得更有爱心、更有亲和力、更温暖、更有教养。看看下面这些说法。

---

① “亲密育儿法”（Attachment Parenting）由美国医学博士威廉·西尔斯（William Sears）提出，提倡通过母乳喂养、和宝宝同睡等方式让父母和幼儿及早建立亲密关系。——译者注

一位祖母告诉她的孙子："我从来都不希望你成为你父亲那样的艺术家。你必须在你的生活中做些更有意义的事情。"

一位父亲告诉他的女儿："我不希望你剪短头发，因为那样看起来会像个男孩，短发不适合你。"

一位朋友告诉另一位朋友："我真的希望你不要再和邻居说话了，因为我不喜欢她。"

一位妻子告诉她的丈夫："我希望你解雇你的秘书，因为她让我不舒服。"

一位丈夫告诉他的妻子："我不希望你和闺密们一起去旅行，因为她们喝酒，而我不喜欢那样。"

这里说话的每个人都会声明自己爱对方，而且他们说这些话是因为关心对方，希望对方过上幸福的生活。但真是这样吗？他们关心的是别人还是自己？你能看出他们对自己的观点、自己的期望、自己的欲望有多么执着吗？如果没有意识到自己是如何依赖对方获得身份认同的，我们就会不自觉地把自己的意志强加于人。这样的关心不是真的关心。

我们能送给对方最好的礼物就是当我们的爱成为对方的负担时，能及时意识到这一点。我们要意识到，自己开始"利用"对方满足自己的需求，并且依赖对方获得认可。或者要注意到，我们是如何将自己的需求和期望投射到对方身上的。意识到这些以后，我们就可以把对外投射转变为对内自省。当我们自省的时候，就会看到自己的惯有模式，继而解除对方的责任，不再依赖对方满足自己的需求和获得认可。

保持距离并不意味着我们不与他人亲近，只是我们不依赖他人获得内心的滋养。对方愿意付出什么样的爱意和关怀，我们就接受什么样的爱意和关怀，而不去评判或批评它们的形式。我们不再关心那些狭隘的问题，比如："他们爱我吗？他们想得到我吗？他们需要我吗？"而是关心那些高层次的问题，比如："我的生活幸福吗？我的生命在成长吗？我在进化吗？我的生活有各种可能性吗？我的灵魂自由吗？"

我们不再幻想对方的样子，而是接受他们的本来面目，不管是好是坏。你看到区别了吗？一个是占有和控制，我们试图改变另一个人，让他们接受我们的想法；另一个是解放和成长，我们接受对方，帮助他们保持真实的自我。

如果和某人的关系是情感依附的关系，我们就会试图"修正"对方，让对方成为自己需要的人，这样才能让自己感到完整。如果对方做不到或者不愿意做，我们就会强迫对方。对方要么反抗，要么屈服。无论哪种方式，他们都不再是自己真实的样子，这些也都会反映在亲密关系的其他部分里。过不了多久，亲密关系中的双方都会陷入到各自虚假的自我当中，和对方的关系也会变成索取、依赖和控制。

我们执着于自己的思维方式、感觉或者意见，包括所有我们认为正确的事情。这是一种"唯我独尊、不容置疑"的方式。我们对自己这套方式如此执着，非要把它强加在另一个人身上，并且一意孤行，非要改变他人。

如果一个人没有按照我们的希望做出改变，我们的爱就有了附加条件。我们会表示不满。当他们勉强改变时，我们会表示赞扬和肯定。爱的程度完全取决于对方满足我们愿望的程度。因此，我们总被对方的情绪和幸福感牵着鼻子走。

只有真正认识到自己内心的匮乏，才可能开始远离一个人或者一件事。我们还不习惯把自己看作自己情感的主人。我们的情感太容易受到外界的影响，无法摆脱。当对方情绪好的时候，我们也好；当他们不好的时候，我们也不好。

和别人保持距离让我们感到害怕，因为它让我们真正成为走在各自道路上的独立个体。这段旅程让我们感到孤独，有时还很可怕。在文化的影响下，我们觉得自己好像是孤魂野鬼，悲惨凄凉。但我们没有意识到，这正是获得力量的方式。不依赖他人而成为完整的个人，这个想法可能会让人觉得奇怪，但成年人的标志就是摆脱对他人的依赖。

当我们不再试图控制对方

为什么亲密关系会耗尽我们的精力？是因为亲密关系本身，还是因为我们的心态？根据我的经验，是后者。这一切都是情感依附造成的。我们花费了太多的精力试图修正和控制他人的行为和情绪，结果耗尽了自己，经历了失败，最终油尽灯枯。

当我们不再试图控制对方，而是接受亲密关系的现实时，我们的力量会获得指数级的增长。我们会有无穷无尽的精力，可以做出创造性的选择。我们将不再与他人的情绪状态纠缠在一起，而是自由地选择最适合的道路，达到自己的最高境界。

我们会允许对方自由地展示他们的本来面目，不再控制他们，不再指手画脚。实际上，这样做是对他们最大的关心和爱护。我们以前总习惯把感情和控制联系在一起，但对一个人最深厚的感情就是放手，就是不再去控制他。

我们爱的是对方这个人吗？我们很少因为一个人真实的自我而爱他们。我们被他们的外在（比如一个人的外表和行为）蒙蔽，无法了解他们的本质。

尤其是父母，往往会落入这样的陷阱：只根据外在的表现来决定对孩子的爱，比如孩子的学习成绩如何，运动能力如何，是不是受人欢迎，甚至他们看起来是不是快乐。我们这样做其实是舍本逐末，失去了理解孩子丰富的内心、让他们培养真实自我的机会。这就是很多孩子觉得父母忽视他们、不认可他们、不爱他们的原因所在。

尽管父母们不同意这种说法，但我的许多来访者都极力坚持，说他们从来没有感受到无条件的爱。这是为什么呢？因为父母陷入到了对孩子的情感依附当中：孩子们做了什么比他们是什么更重要。

对于亲密关系中的伴侣，我们也会列出一堆标准，要求他们达到。虽然这在现实层面可能有帮助，但对于一段令人满意的亲密关系来说，绝不是有益的。它总是看重一个人的外在条件，而很少关注他的内在本质。只要我们专注的是事物的形式而不是它们的本质，就会陷入到情感依附的泥沼当中。

当我们的内心匮乏、千疮百孔的时候，就会从外部寻找东西来填补。但只要我们还没有觉醒，无法清晰明确地接受自己的本来面目，这些空洞就会一直存在。

我们把内心的“空洞”投射到别人身上，希望别人来帮我们填补。我们还不知道自己其实成了情感的掠食者，但确实如此。而且，正像掠食者的定义那样，我们也是其他掠食者的猎物。其他人也希望我们去填补他们的空洞。就这样，我们永远学不会无条件地爱一个人，总是停留在情感依附的水平上。只有当内心的“空洞”被真我填满，我们才能脱离情感依附的陷阱，获得付出真爱的能力。

为了和他人保持距离，我们需要放平心态，接受现实。我们不会放弃对幸福或者快乐的追求，但也绝不会再把它们看成以某种确定形式出现的东西了。意识到生活的本来面目并不是我们原本以为的样子，我们就不必为了自己的幸福而强迫别人以某种方式生活了。我们不是等着幸福来敲门，而是通过接受现实、自我成长而获得幸福。

摆脱二元论，获得智慧

有生就有死，有白天就有黑夜，有黑暗就有光明，有阴就有阳。这些说法证明，摆脱二元论是多么困难。虽说万事万物并不是非黑即白、二元对立的，但在日常生活中，一切看上去却好像都是二元对立的。

我们渴望了解和掌控自己的现在和未来，所以会给事物贴上标签，把它们划分在有限的类别中：这个和那个、高的和矮的、胖的和瘦的、美的和丑的、我和你。通过把世界一分为二，我们产生了一种幻觉，以为一切按部就班，尽在掌握中。

获得智慧意味着理解生命的本质不是非黑即白、二元对立的。并没有独立的实体，所有东西都相互关联在一起。当我们开始依恋某个想法或者“东西”时，其实是把它独立出来，把它和其他东西分开。我们很自然地就会这么干，难道不是吗？

因为我们成长在一个二元论局限下的世界，所以看待自己的时候，总是戴着非黑即白的眼镜。这是一个陷阱，会阻碍我们进入超凡脱俗的觉醒状态。套用波斯诗人鲁米的话就是：“在对错之外，还有一个地方，我们将在那里相见。”只有超越二元论，我们才能放下羞耻之心，真正地爱自己。

当我们看到，自己在所有的层面上，都同时具有做对以及做错的能力时，我们就获得了一种最深刻的自我认知。这是人类的宿命，我们乐于接受。我们同时拥有这两种可能性。

一旦在自己身上看到这种能力，我们也会在别人身上看到这种能力。我们不再认为自己很特别。没错，我们与众不同，甚至独一无二，但我们并不特别。这种觉醒后强大的精神力量，让我们能够和其他人携起手来，建设一片新的疆土。

一旦把这些虚假的自我抛诸脑后，我们就不会站在自己的角度评判是非，臧否人物。我们明白，每个人都在挣扎，都在饱受压力。当我们把彼此看作对方的镜子时，会意识到使我们做出不同选择的并不是什么伟大的智慧或天分，而是不同的生活环境。如果我们站在别人的立场上，过着他们的生活，很可能也像他们一样，做出同样的、会遭到我们谴责的事情。只有尊重自己有做错事的潜力，完全接受自己的阴暗面，我们才能体会到这一点。

当我们理解了事物并不是非黑即白的，我们就不会在道德层面评判别人了。在这里，所有关于事物“应该”如何的想法，都可以放下。一切事物的存在都和它所处的环境有关，和其他事物的联系有关。最重要的是，我们终于明白，切割现实并逐条分析的做法源自我们对事物真实本质的无知。

在事物内部，一切都是完整的。这意味着，每一个观点以及概念本身都包含了和它对立的实体，就像太极图中的阴阳鱼，相互交织形成一个统一的整体一样。当我们打开思路，相信所有事物其实都存在于所有事物当中时，我们就会停下来，不再试图去控制什么，也不再给它们贴标签分类了。我们会马上放弃道德评判，而道德评判恰恰是人类苦难的根源。

放弃非黑即白的思维模式，我们会进入一种宽容的状态。对于做人做事，不存在唯一正确的道路。世界上没有什么完美、失败、成功、好坏这类事情。只要怀有这些观念，我们在日常生活中就会犯错，就会有缺点。我们越能深入地了解自己的内心，就越能接受自我。接受自我会自动地转化为接纳其他所有人。

接受自我的一部分意思就是不再把追求完美作为目标。我们看到了它虚幻的本质。一旦放弃追求完美，我们就会把他人看作一个整体来接纳，接纳他们的优点和缺点。就像我们不会因为玫瑰有刺就埋怨它一样，我们也不会因为对方的缺点而批评对方。一旦获得这种心态，我们的痛苦就会大大减少。我们不仅解放了自己，不再对事情“应该”如何做出评判，我们还解放了对方，让他们能够展现自己的天性。放弃道德评判让我们获得了自由。周围的人也都体验到了这种自由。爱成了自由的同义词。最终，自由成了爱的唯一目标。

这种超越一切的爱是博爱，是对所有人的关怀，而不管他们是否符合我们的期望。我们不再通过功利主义的视角，按照一个人是否对我们有用来看待他。我们看到的只是他们的本质。因此，我们把他们尊为自己的老师。因为每个人都是我们的老师，所以我们欢迎生活中的所有人。对于他们的教导，我们永远保持热情，因为总有功课要学。我们怎么会违抗自己的老师呢？只有在指责一个人的时候，我们才会违抗他们的教导。然而，如果我们认为所有教导都是有价值的，我们就会认可每一位老师。这就是我们超越有条件的爱，掌握真爱的秘诀。

第 24 章

清空与重建

我以为我知道自己是谁
对自己的名字和头衔清清楚楚
对自己的角色和身份清清楚楚
对自己的过去和未来清清楚楚
但这一切，竟然都是幻象。

我们不是自己以为的那个人。我们以为的自己，是自出生后就一直扮演的角色，是一个受限的自我。甚至在离开母亲的子宫之前，就已经被打上了无数的身份烙印——我们的姓氏和传统，我们的宗教和与之相伴的上帝以及信仰，文化教育带来的价值观和压力，一系列关于种族、成功、成就、美貌、性、价值和社会的信念。基本上，父母的观念会传承给我们；父母缺乏某种观念，我们也一样缺乏。这种受限状态的传承是不可避免的。在大多数情况下，这些都是身不由己的。但它们都不是我们真实的自我。

当我们浑浑噩噩、尚未觉醒的时候，我们看不到自己的思想，也不会反思。我们沉睡不醒——看起来像是醒着的，其实睡得很沉。我们被古老的传统以及与之相关的文化认同束缚着。太多的时候，我们的孩子又成为我们的俘虏。这些文化遗产就这样一代一代地传承下去。

正如我在本书中提到的那样，“觉醒”意味着打破情感依附，挣脱精神牢笼，获得自由。我们被洗了脑，所以要觉醒过来。是时候摆脱那些我们一直沉迷其中的垃圾思想了。觉醒的过程是一个清空心灵的过程，要把所有潜意识中的信念，也就是那些有害的信念清除出去。只有把放置虚假身份的容器清空，解放自己，我们才能触及真实的自我。

关于信念的错误信念

对生活和人类抱有什么样的信念，会影响到我们生活的每一刻。我们对这些信念越执着，受这些信念的影响就越大。我们越坚持这些信念，对它们的情感依附就越强烈，也就越愿意遵守它们。当我们被这些信念关在牢笼里时，又怎么可能过上自由和自主的生活呢？

对生活的信念妨碍了我们过上真实的、充实的生活。我们甚至都没有意识到，这些信念是从我们的童年和文化中潜移默化继承下来的，还以为本来就该如此。信念和身份之间没有分别，我们的信念就是我们的身份。许多宗教激进主义者会为他们的信仰而献身，因为他们的生命就是他们的信仰。他们的信仰已经取代并决定了他们的身份，以至于他们的身份和他们的信仰是一致的，是同一件事。

例如，如果我们继承了一套古老的信念体系，认为我们懒惰，而且对这一信念体系深信不疑，想象一下它会如何解释我们的经历和亲密关系。每当我们觉得被人忽视时，就会激活这套古老的信念体系。即使我们事实上并不懒惰，我们的信念也会说服自己不是这样的。它会给出大量的证据，证明我们事实上是懒惰的。我们跟随它的节奏，亦步亦趋。不知不觉中，我们已经把灵魂交给了它。

想象一下，如果父母告诉我们，有色人种低人一等，是邪恶的，那么在成长过程中，我们就会憎恨有色人种。我们的精神世界里就会充满支持这种说法的文字和影像。为了让我们认同这个信念，父母能给我们写上一篇博士论文，通篇都是支持这一信念的论据。等到我们能够充分表达自己的时候，我们已经是种族主义的忠实追随者了。

现在，时光快进三十年。你长大参加工作了，而你的老板是有色人种。想象一下你的感受和内心的抗拒吧。你的老板聪明、善良、有同情心。不难想象，你内心的冲突可能导致你无法正常工作，严重影响你的工作表现，甚至让你丢掉工作。不只这些，你的老板还非常信任你，马上会给你大幅度加薪和升职，这难道不可悲吗？经历过这种不幸，我们就会看到，自己的信念是如何阻碍我们现实中的脚步的。

一遍一遍地体验每个时刻

我们没有意识到信念是如何扭曲自己对这个世界的认知，以及自己的经历是如何被心理投射和编造的故事篡改的。如果我们知道了，无疑会非常震惊。这就好像我们虽然活着，却似乎从未活过一样。我们错过了人生的华丽乐章。只要我们执着在自己的信念上，就会被它们束缚。这些信念告诉我们能做什么，不能做什么，限制了我们对未来的想象。我们根本无法摆脱它们的限制。

信念是我们围绕生活和自我编造出来的虚假故事，完全是虚构的，充满了无知。一旦解构了这些信念，知道它们是假的并放弃它们，我们就进入了一种“空灵”的状态。我们终于可以摆脱这些信念的控制，生活在真正的现实中，而不是信念营造出来的现实中了。我们终于可以摆脱过去的束缚，活在当下了。

进入真正的现实而不是我们认为“应该的”现实，是解除情感依附的开始。根据定义，只有我们不再用自己编造的故事解释现实，才能活在当下。只有活在当下，我们才能真正地生活。如若不然，我们就会永远遭受环境的奴役，永远被动地反应。

只有打破内心的情感依附，我们的灵魂才能重生。就像打开衣柜，扔掉所有的衣服，重新开始一样。一开始，空荡荡的衣柜看上去很荒凉，可能会吓到我们，但它也像一片虚空，有无穷无尽的可能性。这就是灵性修行中空灵的含义所在——放空自己，体会当下原始的状态，不受过去经验的污染。

放空自己就是让自己有一个初学者的心态。抱着这样的心态我们就会理解，在当下这个时刻想着过去，就是对过去的依附。通过放空自己，我们一遍一遍地体验每个时刻。生活就是一个时刻接着一个时刻这么过下去的。通过这种方法，我们会把自发自觉和真实本心带进生活的每一个时刻。

因果的终极法则

当我们活在当下时，会注意到一些更深刻的东西。我们会注意到周围事物里的因果链条，会看到事物是如何形成的。我们心明眼亮，没有受到文化叙事的影响，可以密切注意生活里的前因后果。我们会看到每个结果的原因，以及这些原因的原因。我们会看到在所有的因果链条中，我们产生的影响。所有事物都处在不断变化的状态当中，没有任何事物处于最终状态。因此，一切都在进行中，没有什么东西能到达最终的目的地。

现在，我们深刻地认识到，万事没有开始，也没有结束。一切都在不断地变化。变化，带来越来越多的变化。潮起潮落都来自相互依存的源头。生命是一个永无穷尽的因果链条，因此，任何事物本身都没有固有价值或者意义。一切事物都是因缘巧合。死亡和毁灭是其中不可分割的一部分。一切事物的固有价值在本质上都是“空”。这就是“空”这个概念的含义。

过不了多久，我们就会意识到，我们在自己身上贴的

“我”这个标签，也不是固定不变的，而是永远流动、永远变化的一种能量。它在形式、方向、形状和目的上，都不断变化着。我们的自我不是一个实体。我们不能说：“啊，它在这里！”一旦说了这句话，它就转变到下一个因果链条中了。“我”或者“自我”本质上就是“空”。

理解了人类在本质上是不断变化的和相互依赖的，我们就可以放下对自己的执着，不再纠结如何向别人展示自己，不再介意别人如何看待我们。要知道，我们从来都不是一成不变的，我们永远在变化，充满活力。一旦认识到这一点，我们就能更真切、更深刻地理解“空”这个概念了。

一旦在更深的层次上理解了因果律，我们就会意识到，对“造物主”的错误信念只是一种幼稚的心理防御，只是因为我们看不懂宇宙复杂而奇妙的法则。我们会看到宗教如何创造了一个全知全能的、在很大程度上拟人的实体。这个形象承担起了父亲的角色。我们依赖这种外在实体获得认知，切断了我们与自己的联系。为万事万物设定一个起点和原因要容易得多，这样很方便我们在头脑中建立起秩序。让万事万物有了开头、中间和结尾，对我们人类而言，远比意识到我们永远不可能知道开始和结尾更让人安心——那种观念接受起来太困难了！

一旦理解了事物并不是非黑即白的，我们就不会用二元论的观点来看待世界了，就会看到世界的本来面目——因果循环、因缘巧合。我们会意识到世界的复杂和微妙，而且在漫长的进化过程中不可避免地交织在一起。我们知道自己可能永远不会知道万事万物是如何开始的。与其认为这是失败，不如认为这是智慧和成熟。我们会接受未知，不再去苦苦寻找永远无法找到的答案，也不会去编造各种神祇和上帝，我们只是停留在未知当中。

停留在这片未知的空间中，就是陶醉在宇宙神奇的奥秘中。事实上，我们越是对未知心怀敬意，就越是对宇宙无限的本质表示敬意。当我们假装知道万事万物是如何开始的时候，实际上剥夺了宇宙的奇妙。要真正尊重这个宇宙神秘的荣耀，就要待在这片未知的空间中。

万事万物没有开始也没有结束。没有“我”或者“你”。只有不断流动的相互关联和相互依赖的因果链条。一旦我们解除了对肉身的依附，我们就和自己内在的无形本质连接在了一起。我们无比重要，同时又无关紧要——我们拥有一切，同时又一无所有。

只有接受了这个存在的悖论，我们才能解放自己。一旦获得解放，我们就会看到真正的自己——我们是宇宙的一个回声，是它的一面镜子，和它同呼吸、共命运。我们就像浩瀚的星系一样无限广大——同时又像阳光中的颗粒一样无限微小。

当你到达空灵的本质时，你就找到了真我。这是你彻底觉醒的开始，你将一直沿着这条路走下去。

你已经做好了准备！觉醒吧！

姐妹们！你已经读完了这本书。这是一段多么美好的旅程啊！你在很大程度上已经解构了自己和自己的世界，解构了你的原生家庭、你的多重角色、你的文化背景，还有你的生理特征。在这个过程中，你可能在很多地方被引爆了痛点，不想再读下去了。但有些东西让你坚持了下来，有些东西让你坚持一页一页地往下翻。现在，你读完了。

你可能会想："现在怎么办?"你的内心世界可能已经天翻地覆，你可能想知道如何把书上的内容融入你的生活，你可能会不知所措。如果你是这样，我在这里向你保证，这一切只是一个开始。

在阅读的过程中，你收获了许多新的见解。让这些觉醒的火花点燃你的心灵吧。当你敞开胸怀迎接它们的时候，你会进入新的情感空间。在你意识到这一切之前，你会开始做出新的选择，创造出自己新的命运。

你可能还没有意识到，但你的整个思维方式已经发生了革命性的变化。此刻的你正在用一种全新的方式看待事物。你看到的是一种新的现实，和你觉醒后的心灵更加吻合。当然，这意味着你将放弃很多旧的思维，包括亲密关系。相信你可以带着同情心和爱意去做这件事。相信你值得拥有一种新的生活。

我希望你获得的最深刻的转变是学会用不同的方式与自我连接在一起。要自力更生，相信自己内心的声音。要把自己看作一个华丽的存在，把自己放在第一位。

你正要破茧而出。

抓住机会，促成飞跃。你已经准备好了。

新的世界正等待着你。

致　谢

由衷感谢才华横溢的编辑大卫·奥德（David Ord），我写的每一本书都离不开你的支持。

感谢哈珀·柯林斯出版社的杰出编辑吉迪恩·韦尔（Gideon Weil），你从一开始就对这本书充满信心。

感谢我的女儿玛雅，是你的率真激励着我的每一天。

感谢你们这一路走来，始终握着我的手，鼓励我前进。